Elektronische Meßtechnik

LEHRBUCH FÜR DIE BERUFSBILDUNG

Elektronische Meßtechnik

Dr. paed. Gottfried Gubsch
Dipl.-Ing. Konrad Dörrer
Dr.-Ing. Dietmar Klimant

8., unveränderte Auflage

VEB VERLAG TECHNIK BERLIN

Als berufsbildende Literatur für die Ausbildung von Lehrlingen und Werktätigen zum Facharbeiter für verbindlich erklärt

1. 9. 1988

Ministerium für Elektrotechnik und Elektronik

Der von Dipl.-Ing. Rolf Gottschall verfaßte Abschnitt „Frequenzmeßverfahren“ wurde von Dr. paed. Gottfried Gubsch für die 4. Auflage bearbeitet.

Gubsch, Gottfried
Elektronische Meßtechnik / Gottfried Gubsch;
Konrad Dörrer; Dietmar Klimant. – 8. unveränd.
Aufl. – Berlin: Verl. Technik, 1988. – 144 S. :
155 Bilder, 6 Taf. – (Lehrbuch für die Berufsbildung)
ISBN 3-341-00021-6
NE: Dörrer, Konrad; Klimant, Dietmar;

ISBN 3-341-00021-6

8., unveränderte Auflage

Lizenz 201 · 370/178/88
Printed in the German Democratic Republic
Satz: IV/10/5 Druckhaus Freiheit Halle
Druck: Tribüne Druckerei Berlin
Lektor: OL Dipl.-Gwl. Wolfgang Wosnizok
Einband: Kurt Beckert
LSV 3502 · VT 5/4768-8
Bestellnummer: 552 866 9
00550

Vorwort

Das Lehrbuch „Elektronische Meßtechnik“ ist für die Berufsausbildung der Elektronikfacharbeiter, Funkmechaniker, Elektromechaniker und Wartungsmechaniker für Datenverarbeitungsanlagen und Büromaschinen vorgesehen. Sein Einsatz im Unterricht setzt die Kenntnis des Lehrstoffes, der im Wissensspeicher „Elektrische Meßtechnik“ geboten wird, voraus.

Durch hervorgehobene Merksätze, durch zahlreiche Bilder und Tafeln sowie durch Aufgaben zum Wiederholen und Vertiefen wird dem Lehrling und dem Werktätigen in der Aus- und Weiterbildung die Wissensaneignung erleichtert. Neben Aufbau, Wirkungsweise und Einsatz der wichtigsten Meßgeneratoren und Oszilloskope werden Spannungs- und Pegelmeßverfahren, Frequenzmeßverfahren und Messungen an Halbleiterelementen dargestellt.

Allen, die zum Gelingen des Lehrbuches beigetragen haben, sei auf diesem Wege gedankt. Besonderer Dank gilt Herrn *Dr. Klaus Köppen* für seine zahlreichen fachlichen Hinweise. Wir wünschen allen Nutzern des Buches, daß es zum erfolgreichen Abschluß der Berufsausbildung beitragen möge. Mitteilungen, die zur Verbesserung des Lehrbuches führen, nehmen wir gern entgegen.

VEB Verlag Technik

Inhaltsverzeichnis

1. Einführung

Für die Entwicklung des Menschen ist die produktive Arbeit von ausschlaggebender Bedeutung. Sie vollzieht sich im Produktionsprozeß, der durch die Produktionsverhältnisse sowie den Stand der Produktivkräfte, besonders den Stand der Entwicklung von Wissenschaft und Technik, gekennzeichnet wird. Im Prozeß der materiellen Produktion ist die meßtechnische Erfassung physikalischer Größen von Bedeutung.

Messen ist eine produktive Tätigkeit des Menschen; die *Meßmittel* sind ein Teil der Arbeitsmittel für den Produktionsprozeß. Die Meßtechnik ist demnach mit dem Entwicklungsstand der Arbeitsmittel eng verknüpft. Um optimale technische Lösungen zu finden und in die Produktion zu überführen, sind u. a. auch meßtechnische Aufgaben zu lösen.
Das Ergebnis des Messens sind quantitative Aussagen über das physikalische Verhalten der Meßgegenstände.

Ein Zweig der Meßtechnik ist die elektronische Meßtechnik. Sie setzt zur Messung von elektrischen und nichtelektrischen Größen elektronische Meßgeräte ein. Ein *elektronisches Meßgerät* ist ein Gerät, das elektronische Komponenten enthält. Diese Komponenten sind Elemente oder zu Gruppen verbundene Elemente, bei denen man Elektronen- oder Löcherleitung in Halbleitern, Festkörperelementen, Gasen oder im Vakuum verwendet. Es ist für die Messung von Größen oder für die Erzeugung von proportionalen Größen zu Meßzwecken bestimmt. Als elektronische Meßgeräte sieht man demnach nicht nur solche an, die, wie Oszilloskop oder Verstärkervoltmeter, elektrische Größen messen, sondern auch solche, die elektrische Größen für Meßzwecke erzeugen, wie das bei den Meßgeneratoren geschieht.

Unter *elektronischer Meßtechnik* ist sowohl die Anwendung elektronischer Meßgeräte und Meßgerätesysteme als auch die Verwendung von Meßverfahren zum Messen elektronischer Bauelemente, Schaltkreise, Geräte und Einrichtungen zu verstehen.

Elektronische Meßgeräte und Meßgerätesysteme werden eingesetzt

- in Forschungs- und Entwicklungsabteilungen von Betrieben und in wissenschaftlichen Institutionen
- in den Produktionsabteilungen aller Industriezweige, in der Landwirtschaft, in der Seewirtschaft, im Gesundheitswesen usw.
- beim Umweltschutz; in der Militärtechnik für die Landesverteidigung u. a.
- in Service- und Instandsetzungseinrichtungen.

In den Produktionsabteilungen dient elektronische Meßtechnik der *Kontrolle und Überwachung des Produktionsprozesses*. Oft sind die Geräte und Gerätesysteme Bestandteil von automatischen Steuerungen. Ein weiteres umfangreiches Einsatzgebiet elektronischer Meßtechnik ist die *Qualitätskontrolle* der Produkte. Der Einsatz rechnergestützter Meßgeräte dient hier wesentlich der Rationalisierung des Meßprozesses. Eine Ergänzung der Meßplätze mit Zusatzgeräten, wie Meßstellenumschaltern, Meßwertdruckern und Sortierzusätzen, ist möglich.

Nicht zuletzt haben elektronische Meßgeräte in Service- und Instandsetzungseinrichtungen große Bedeutung. Rationelle Fehlersuche an hochwertigen Erzeugnissen der elektronischen Industrie, einschließlich solcher der Konsumgüterproduktion, an Geräten der Automatisierungstechnik und an Maschinen mit elektronischen Steuerungssystemen ist nur mit Hilfe elektronischer Meßgeräte möglich. Bei allen Einsatzbereichen nimmt die digitale Meßwerterfassung und -verarbeitung zu. Damit ist eine Voraussetzung zur Automatisierung von Prüfvorgängen gegeben.

Elektronische Meßgeräte sind sehr kostenaufwendig. Ihr Einsatz muß daher nach technisch-ökonomischen Gesichtspunkten sorgfältig abgewogen werden. Besonders problematisch ist der Einsatz bei nur geringer Meßhäufigkeit. Man ist bestrebt, universell einsetzbare Meßgeräte für einen breiten Anwendungsbereich zu entwickeln.

Die neue Generation elektronischer Meßgeräte wird durch den Einsatz von Mikroprozessoren gekennzeichnet sein. Diese neue Gerätegeneration verlangt vom Anwender, je nach Art der durchzuführenden Messung und des jeweiligen Einsatzes, das elektronische Meßgerät vorher zu programmieren. Durch die Anwendung von Mikroprozessoren in der Meßtechnik wird die Automatisierung von Meßplätzen in den nächsten Jahren weiter fortschreiten.

Berufe der Informationselektrotechnik enthalten Tätigkeiten mit einem hohen Anteil an Prüfaufgaben, z. B. an Bauelementen, integrierten Schaltkreisen, Baugruppen, Geräten und Anlagen der Elektronik sowie an Nachrichtenübertragungseinrichtungen. Vor allem an Arbeitsplätzen in der Forschung und Entwicklung, in Prüffeldern und bei der Reparatur von Geräten wechseln die Prüfaufgaben sowie die Prüfgeräte häufig. Das setzt beim Facharbeiter Vielseitigkeit voraus. Er muß Kenntnisse über die wichtigsten Prüfverfahren, grundlegendes Wissen über den allgemeinen Aufbau und die prinzipielle Wirkungsweise der Geräte, über die fachgerechte Bedienung, die Einsatzgrenzen der Geräte und die bei der Messung auftretenden Einflußgrößen besitzen.

Fast alle elektronischen Meßgeräte arbeiten mit Versorgungsenergie in Form von Betriebsspannungen an den Baugruppen. Sie wird meist von der Netzspannung gewonnen. Daher sind bei der Herstellung, Reparatur und Anwendung elektronischer Meßgeräte die sicherheitstechnischen Bestimmungen für elektronische Meßgeräte, die auch für das Zubehör der Meßgeräte gelten, zu beachten. Sie beziehen sich besonders auf den *Schutz gegen das Berühren betriebsmäßig unter Spannung stehender Bauteile*. Auf die Bedeutung des Schutzleiters sei besonders hingewiesen. Geräte müssen mit einem Schutzleiteranschluß versehen sein. Der Widerstand zwischen dem Schutzleiteranschluß und allen betriebsmäßig zugängigen leitenden Teilen, die bei gestörtem Betrieb Netzspannung annehmen könnten, muß $\leqq 1\,\Omega$ sein.

Kenntnisse über die prinzipielle Wirkungsweise und die Anwendung elektronischer Meßgeräte setzen Wissen über grundlegende Methoden und Meßverfahren voraus (vgl. Schultz: Elektrische Meßtechnik – Wissensspeicher für die Berufsbildung. Berlin: Verlag Technik). Es werden im Lehrbuch „Elektronische Meßtechnik“ Meßgeräte mit einem universellen Anwendungsbereich behandelt, und zwar das Oszilloskop und das Verstärkervoltmeter. Da für Messungen auch Meßgeneratoren benötigt werden, werden diese ebenfalls ausführlich vorgestellt.

Es folgt dann eine Auswahl typischer Meßverfahren einiger elektrischer Größen mit elektronischen Meßgeräten sowie der für die Praxis nicht weniger wichtige Teil über Messungen an Halbleiterbauelementen einschließlich integrierter Schaltkreise.

Auf folgende Lehrbücher und Wissensspeicher wird im Text Bezug genommen:

Schultz, J.: Elektrische Meßtechnik – Wissensspeicher für die Berufsbildung
Berlin: VEB Verlag Technik

Bähr, H.-J., W. Ecke: Grundlagen der Elektrotechnik – Wissensspeicher für die Berufsbildung
Berlin: VEB Verlag Technik

Ausborn, W.: Elektronik-Bauelemente – Wissensspeicher für die Berufsbildung
Berlin: VEB Verlag Technik

Funke, R., S. Liebscher: Grundschaltungen der Elektronik – Lehrbuch für die Berufsbildung
Berlin: VEB Verlag Technik

2. Meßgeneratoren

2.1. Allgemeines

Im allgemeinen Sinne sind Generatoren Geräte zur Erzeugung elektrischer Leistung. Für die Elektronik ist die Bereitstellung von elektrischer Leistung von geringerer Bedeutung, vielmehr wird oft darauf Wert gelegt, daß unabhängig von der Last, die am Ausgang des Generators angeschlossen ist, eine konstante Spannung oder ein konstanter Strom abgegeben wird. Ist der Innenwiderstand wesentlich kleiner als der kleinste Lastwiderstand, dann arbeitet das Gerät als *Spannungsgenerator* oder als *Konstantspannungsquelle.* Sind die Widerstandsverhältnisse so, daß der Innenwiderstand wesentlich größer als der größte Lastwiderstand ist, dann liegt ein *Stromgenerator* oder eine *Konstantstromquelle* vor. Beide genannten Fälle sind für meßpraktische Bedingungen in Abhängigkeit des gerätetechnischen Aufwands nur näherungsweise realisierbar.

$$\boldsymbol{R_i \ll R_a} \quad \textbf{Spannungsgenerator}$$

$$\boldsymbol{R_i \gg R_a} \quad \textbf{Stromgenerator;}$$

R_i Innenwiderstand des Generators
R_a Lastwiderstand.

Aus der Meßaufgabe muß entschieden werden, ob ein Strom-, Spannungs- oder ein Leistungsgenerator eingesetzt wird.

Meßgeneratoren haben vor allem bei der Untersuchung aktiver Vierpolschaltungen Bedeutung. Eine Klassifizierung ist schwierig. Der Anwender kann folgende Merkmale zur Beurteilung eines Gerätes verwenden:

- *Form der Ausgangsspannung und Formtreue*
  Klirrfaktor bei Sinusspannungen
  Anstiegs- und Abfallzeit, Impulsdauer, Tastverhältnis usw. bei Rechteckspannungen
- *Frequenzvariation*
  Frequenzbereich
  Eichmöglichkeit
  Eichgenauigkeit
  Frequenzkonstanz
- *Spannungsvariation*
  stetige oder stufenförmige Variation
  Einstellbereich
  geeichte Ausgangsspannung (absolut oder relativ)
- *Ausgangswiderstand*
  Ausgangswiderstand = Innenwiderstand des Generators
  definiert oder nicht definiert
  Größe, z. B. 50 Ω, 60 Ω, 75 Ω, 600 Ω

- *Ausgangsspannung modulierbar*
  Modulationsart, z. B. AM, AM-FM
  Modulationsspannung extern zuführbar.

Um den unterschiedlichsten Anwendungsbedingungen zu entsprechen, werden von den Herstellerwerken solcher Geräte Generatoren unterschiedlicher Art, Merkmale (Parameter) und unterschiedlichen Preises angeboten.

Der Anwender muß aus dem Einsatzgebiet die Zweckmäßigkeit eines Gerätes beurteilen können und gegebenenfalls zusätzliche Bewertungskriterien hinzuziehen.

Ursprünglich wurde zwischen Meß- und Prüfgeneratoren unterschieden. Letztere waren einfache, billige Geräte ohne Eichung. Mit ihnen konnte lediglich eine Funktionsfähigkeit, aber keine Funktionstüchtigkeit im Sinne des Nachweises oder der Messung von Betriebsgrößen und Geräteparametern erbracht werden. In der Servicepraxis, speziell für Geräte der Konsumgüterelektronik, findet man noch relativ häufig einfache Eigenbaumeßgeneratoren. Diese Geräte sind nicht Gegenstand der folgenden Erläuterungen.

2.2. Generatoren mit sinusförmiger Ausgangsspannung

2.2.1. Allgemeine Bedingungen

Bei Generatoren mit sinusförmiger Ausgangsspannung folgt die Ausgangsspannung einer Sinus- oder Kosinusfunktion:

$$u = \hat{u} \cos \omega t. \tag{2.1}$$

Prinzipiell besteht jede Schaltung zur Erzeugung einer sinusförmigen Spannung aus einem *frequenzbestimmenden passiven Netzwerk* und einem *aktiven Netzwerk* zur Kompensation der Verluste (Entdämpfung).

Sehr oft wird ein Schaltungsprinzip angewendet, das einen aktiven Verstärker- und einen passiven Rückkopplungsvierpol enthält (Bild 2.1.).

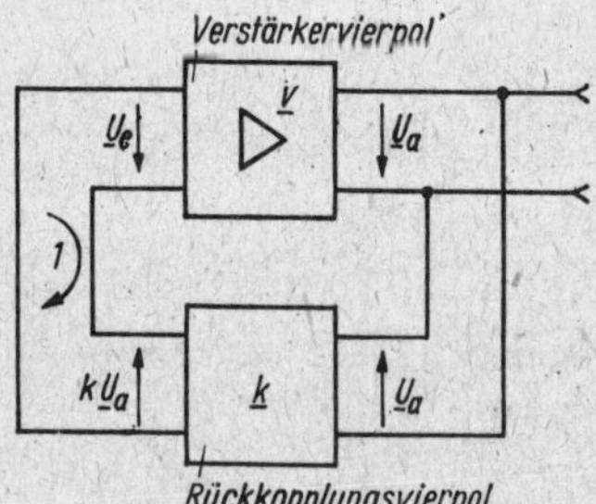

Bild 2.1. Zusammenschaltung von Verstärker- und Rückkopplungsvierpol bei der Schwingungserzeugung

Um eine stationäre Schwingung zu erzeugen, muß folgende konkrete Bedingung [s. Gl. (2.6.)] für die Schwingschaltung erfüllt sein:

$$\boldsymbol{U_a = vU_e}. \tag{2.2}$$

Im allgemeinen ist die Verstärkung komplex; nur wenn alle Verstärkerparameter und der Ausgangswiderstand reell sind, ist die Verstärkung auch reell. Die *Rückkopplung* erfolgt bei Sinusgeneratoren in einem passiven Netzwerk.

Die Verhältnisse zwischen Eingangs- und Ausgangsgröße werden durch den *Rückkopplungsfaktor k* beschrieben.
Für die Masche 1) gilt

$$U_e = kU_a. \tag{2.3}$$

Setzt man Gl. (2.3) in Gl. (2.2) ein, erhält man die Bedingung für die Rückkopplung:

$$U_a = vkU_a$$

oder

$$1 = vk. \tag{2.4}$$

Diese Gleichung enthält zwei Aussagen, die sofort aus Gl. (2.5) ablesbar sind, wenn Gl. (2.4) umgeschrieben wird.

$$1 = kve^{j(\varphi_v + \varphi_k)}; \tag{2.5}$$

v Betrag der Verstärkung
φ_v Phasenverschiebung im Verstärkervierpol
k Betrag der Rückkopplung
φ_k Phasendrehung im Rückkopplungsvierpol.

Es entsteht eine Schwingung, wenn

$$kv = 1$$

und

$$\varphi_v + \varphi_k = 2n\pi \qquad n = (0, 1, 2, \ldots, m) \tag{2.6}$$
$$\varphi_v + \varphi_k = 0 \qquad \text{mit } n = 0$$

erfüllt sind.

Über den Rückkopplungsvierpol muß die Ausgangsspannung des Verstärkers auf den Eingang so rückgeführt (rückgekoppelt) werden, daß das Produkt $kv = 1$ wird. Gleichzeitig müssen sich die Phasendrehungen vom Verstärker und Rückkopplungsvierpol kompensieren:

$$\varphi_v = -\varphi_k.$$

Für die Erzeugung von Sinusschwingungen sind *LC*- und *RC*-Generatoren möglich.

2.2.2. LC-Generatoren

2.2.2.1. Aufbau und Wirkungsweise

LC-Generatoren werden vorwiegend zur Prüfung analoger HF-Schaltungen eingesetzt. Daraus resultiert die Forderung nach Modulierbarkeit der abgegebenen Spannung. Viele Generatoren (auch Meßsender genannt) können amplituden- (AM-) oder frequenzmoduliert (FM) werden. Auch beide Modulationsarten in einem Generator sind möglich. Eine Ausnahme bilden die Schwebungsgeneratoren, die nichtmoduliert für NF eingesetzt werden. Typisch für *LC*-Generatoren ist ein frequenzbestimmender Arbeitswiderstand des Verstärkers, der als Parallelschwingkreis gestaltet ist.

Das Wirkungsprinzip wird im Lehrbuch „Grundschaltungen der Elektronik" näherungsweise beschrieben. Ergänzend sollen hier lediglich die Modulation und die Schwingungserzeugung mit Hilfe eines Quarzes beschrieben werden.

Eine *Amplitudenmodulation (AM)* erfolgt durch Aussteuern der nichtlinearen Strom-Spannungs-Kennlinie eines Bauelementes. Wie aus Bild 2.2 ersichtlich, ist die Summenspannung u die Steuerspannung. Die Gleichspannung U_0 dient als Vorspannung.

$$u(t) = u_1(t) + u_2(t) \tag{2.7}$$

$u_1(t)$ HF-(Trägerfrequenz-)Spannung
$u_2(t)$ NF-(Modulations-)Spannung.

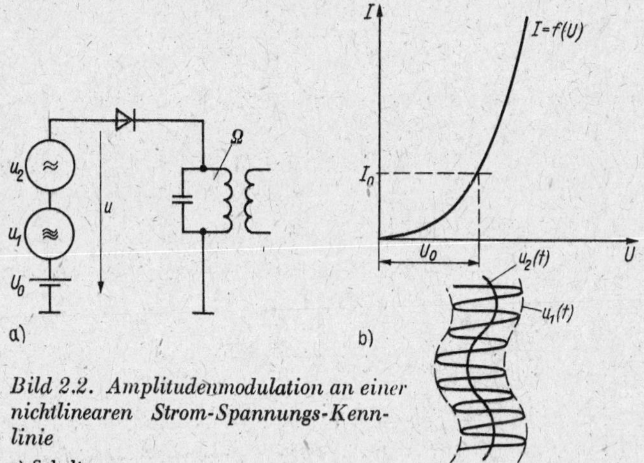

Bild 2.2. Amplitudenmodulation an einer nichtlinearen Strom-Spannungs-Kennlinie

a) Schaltung
b) Kennlinienverläufe

Beide Vorgänge sind harmonische Schwingungen.

$$u_1 = \hat{u}_1 \cos \Omega t \tag{2.8}$$

$$u_2 = \hat{u}_2 \cos \omega t \tag{2.9}$$

$$u = \hat{u}_1 \cos \Omega t + \hat{u}_2 \cos \omega t. \tag{2.10}$$

$\Omega = 2\pi f_1$
und
$\omega = 2\pi f_2$
sind die an der Modulation beteiligten Kreisfrequenzen.

Beim Schwebungsgenerator sind beides hochfrequente Schwingungen; bei den anderen Modulationsschaltungen sind f_1 die Trägerfrequenz und f_2 die modulierende Signalfrequenz (auch Niederfrequenz).

Ist die Strom-Spannungs-Kennlinie durch die Funktion

$$i = I_0 + Su + \frac{T}{2} u^2 \tag{2.11}$$

S Steilheit
T Krümmung der Funktion
I_0 Gleichstrom, Ruhestrom

gegeben, so entstehen bei der Modulation folgende Stromanteile:

$$Su = S(\hat{u}_1 \cos \Omega t + \hat{u}_2 \cos \omega t) \tag{2.12}$$

$$\frac{T}{2} u^2 = \frac{T}{2} (\hat{u}_1^2 \cos^2 \Omega t + 2\hat{u}_1 \hat{u}_2 \cos \Omega t \cos \omega t + \hat{u}_2^2 \cos^2 \omega t) \tag{2.13}$$

Durch Einsetzen der Gln. (2.12) und (2.13) in Gl. (2.11) und anschließende Umformung folgt

$$i = I_0 + S\hat{u}_2 \cos\omega t + S\hat{u}_1 \left(1 + \frac{T}{S}\hat{u}_2 \cos\omega t\right) \cos\Omega t$$
$$+ \frac{T}{2}(\hat{u}_1^2 \cos^2\Omega t + \hat{u}_2^2 \cos^2\omega t). \tag{2.14}$$

Der Strom in Gl. (2.14) enthält mehrere Anteile; nur der dritte Summand wird benötigt. Wird der Schwingkreis im Bild 2.2 auf Ω abgeglichen und beträgt seine Bandbreite etwa $2f_2$, so erzeugt nur der benötigte Stromteil am Scheinwiderstand Z des Schwingkreises einen Spannungsabfall.

Unter Verwendung des Additionstheorems

$$\cos\alpha \cos\beta = \frac{1}{2}[\cos(\alpha + \beta) + \cos(\alpha - \beta)]$$

kann man für

$$S\hat{u}_1(1 + m\cos\omega t)\cos\Omega t = S\hat{u}_1 [\cos\Omega t + \frac{m}{2}(\cos(\Omega + \omega)t$$
$$+ \cos(\Omega - \omega)t)]; \tag{2.15}$$

$m = \frac{T}{S}\hat{u}_2$ Modulationsgrad

schreiben.

Neu entstehen eine Summen- $(\Omega + \omega)$ und eine Differenzfrequenz $(\Omega - \omega)$.

Ist die Strom-Spannungs-Kennlinie durch eine andere nichtlineare Funktion gegeben, gelten sinngemäß die gleichen Betrachtungen.

Bei *Frequenzmodulation (FM)* wird die Kreisfrequenz $\Omega = 2\pi f_1$ durch die Modulationsspannung geändert. Aus Bild 2.3 folgt

$$\Omega(t) = \Omega + \Delta\Omega \cos\omega t \tag{2.16}$$

als *zeitabhängige* Frequenz.

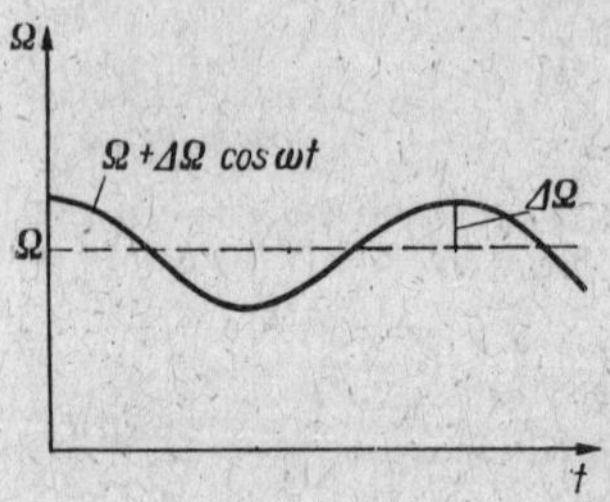

Bild 2.3. Zeitabhängige Frequenzänderung bei Frequenzmodulation

Die Größe $\Delta\Omega$ ist der Frequenzhub; sie stellt die maximale Frequenzänderung dar. Sie ist abhängig von der Amplitude der modulierenden Spannung.

Beispiel

$\Omega = 10^8$ Hz Frequenz des unmodulierten Generators
$\Delta\Omega = 10^6$ Hz Frequenzhub
$\Omega_{max} = 1{,}01 \cdot 10^8$ Hz maximale Frequenz
$\Omega_{min} = 0{,}99 \cdot 10^8$ Hz minimale Frequenz.

Schaltungsmäßig erreicht man eine Frequenzmodulation, indem ein steuerbarer Blindwiderstand parallel zum frequenzbestimmenden Oszillatorschwingkreis gelegt wird. Dies kann z. B. eine Kapazitätsdiode sein, deren Kapazität um den Wert ΔC in Abhängigkeit von der modulierenden Spannung schwankt. Es gilt dann

$$\omega_0 = \frac{1}{\sqrt{LC}} = \Omega_0$$

$$\Omega_{max} = \Omega_0 + \Delta\Omega_{max} = \frac{1}{\sqrt{L(C - \Delta C_{max})}}$$

$$\Omega_{min} = \Omega_0 - \Delta\Omega_{max} = \frac{1}{\sqrt{L(C + \Delta C_{max})}}.$$

Die industriell gefertigten Generatoren arbeiten alle nach etwa gleichartigen Prinzipien; sie unterscheiden sich im Schaltungsdetail, im Aufwand, im Bedienungskomfort usw. Als Beispiel wird ein *AM-FM-VM-Meßgenerator* beschrieben. Dieses Gerät ist für Hochfrequenzmessungen entwickelt worden. Bild 2.4 zeigt den vereinfachten Übersichtsschaltplan.

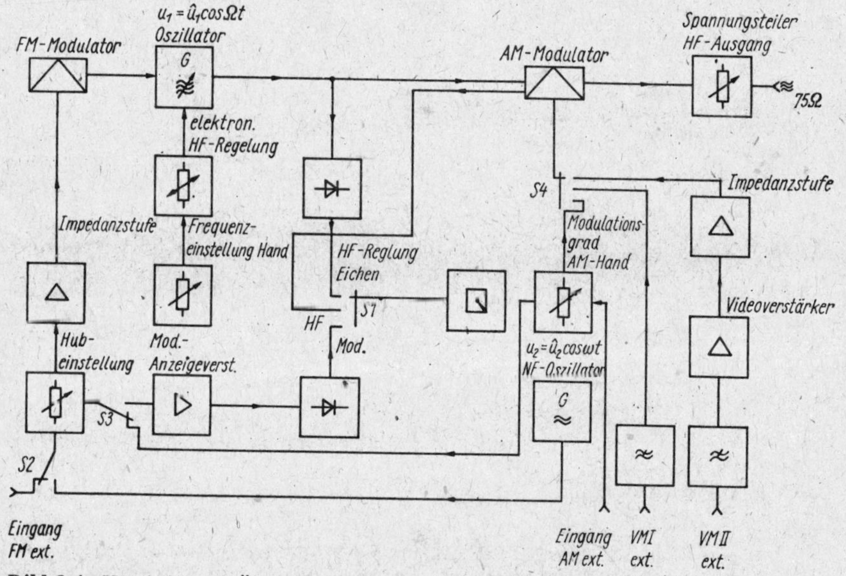

Bild 2.4. Vereinfachter Übersichtsschaltplan des AM-FM-VM-Meßgenerators

Die Schaltung hat einen Oszillator mit induktiver Dreipunktschaltung. Hier wird die Grundfrequenz erzeugt. Eine Regelschaltung hält nach erfolgter Eichung die HF-Amplitude über einen großen Frequenzbereich konstant. Bei großer Frequenzvariation ist eine Handeinstellung erforderlich. Kontrollmöglichkeit ist gegeben, wenn *S1* auf „Eichen" steht. Die *Frequenzmodulation* erfolgt durch einen parallelen Blindwiderstand (in der Schaltung eine die Reihenschaltung von Widerstand und Kondensator). Die Größe der Änderung des Blindwiderstands ist abhängig von der modulierenden Spannungsamplitude. Diese ist regelbar; eine Hubeinstellung kann vorgenommen werden. Je nach Schalterstellung von *S2* kann die modulierende Spannung, hier als Niederfrequenz (NF) bezeichnet, extern oder intern zugeführt werden. Der Meßgenerator enthält einen NF-Oszillator, der eine Spannung mit einer Festfrequenz von 1kHz abgibt (intern). Dieser Wert ist üblich, da sich viele Angaben bei Sendern und Empfängern auf diese Frequenz beziehen. Die Schaltung entspricht einem *RC*-Generator. Die Kennlinie des AM-Modulators wird sowohl von der HF- als auch von der NF-Oszillatorspannung ausgesteuert. Da die HF bereits frequenzmoduliert sein kann, besteht die Möglichkeit, AM und FM auch gleichzeitig durchzuführen. Hierdurch können FM-Empfangsschaltungen hinsichtlich ihrer Begrenzerwirkung untersucht werden.

Der Generator kann auch zur Überprüfung von Fernsehempfängern verwendet werden. Über die Eingänge *VM* I oder *VM* II kann ein Bildaustastsignal (BAS) aus einem Bildmustergenerator zur Videomodulation zugeführt werden. Der Ausgang hat einen Normwiderstand von 75 Ω. Die Ausgangsspannung ist stetig variierbar. Die eingebauten Impedanzstufen sind zur Trennung und Anpassung vorgesehen.

Ein weiteres Prinzip zur Erzeugung sinusförmiger Ausgangsspannung ist im Bild 2.5 angegeben. Ein Gerät, das nach diesem Prinzip arbeitet, wird als Schwe-

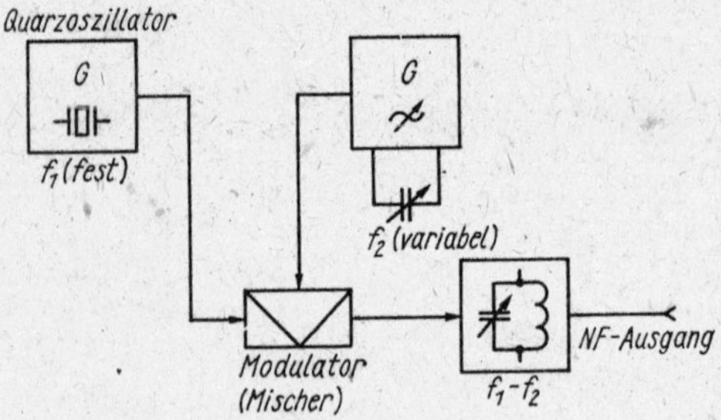

Bild 2.5. Prinzip eines Schwebungsgenerators

bungsgenerator bezeichnet. Aus Gl. (2.14) oder Gl. (2.15) geht hervor, daß bei Modulation mehrere Frequenzen entstehen. Der Schwingkreis wird auf die Differenzfrequenz $f_1 - f_2$ abgestimmt. Der Oszillator, der mit f_1 schwingt, ist fest. Die Schwingschaltung mit f_2 ist durchstimmbar. So ist auch die Differenzfrequenz $f_1 - f_2$ variabel. Beim Schwebungsgenerator ist der Oszillator, der f_1 erzeugt, als Festfrequenzgenerator installiert. Er läßt sich dann sehr gut als Quarzoszillator mit hoher Frequenzkonstanz und Einstellgenauigkeit ($\Delta f / f_0 < 10^{-6}$) aufbauen.

Für einen *Quarzkristall* läßt sich eine elektrische Ersatzschaltung angeben (Bild 2.6). Sie stellt einen Schwingkreis dar. Die Größen L_S, C_S, R_S sind als Para-

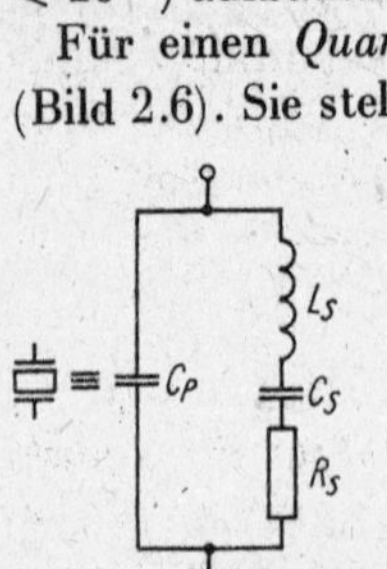

Bild 2.6. Ersatzschaltung eines Quarzes

meter des Quarzkristalls und von dessen Werkstoff und Abmessungen abhängig. In C_P geht vor allem die Kapazität des Quarzhalters ein. Im Bild 2.7 ist der

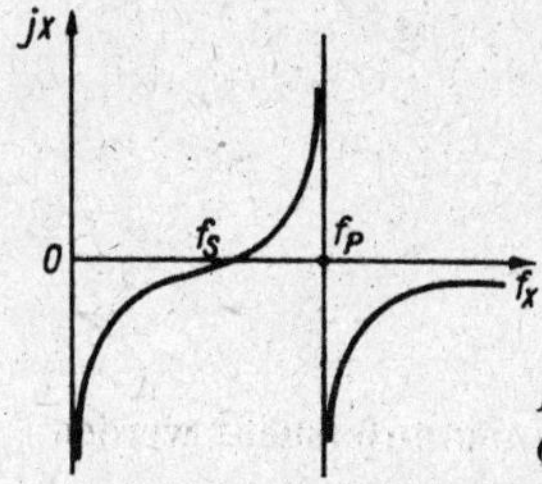

Bild 2.7. Blindwiderstandsverlauf eines Quarzes

Verlauf des Blindwiderstands dargestellt. An der Stelle f_S ist $X = 0$, bei $f = f_P$ ist $jX_L - jX_C = 0$. f_S ist eine Serien-, f_P eine Parallelresonanzstelle. Die Berechnung erfolgt aus den Größen der Ersatzschaltung:

$$f_S = \frac{1}{2\pi \sqrt{L_S C_S}}$$

$$f_P = \frac{1}{2\pi \sqrt{L_S \frac{C_S C_P}{C_S + C_P}}}.$$

Die im Bild 2.6 angegebene Ersatzschaltung ist vereinfacht und gilt für einen Grundwellenquarz (Hauptresonanz). Im Bild 2.8 ist ein erweitertes Ersatzschaltbild dargestellt.

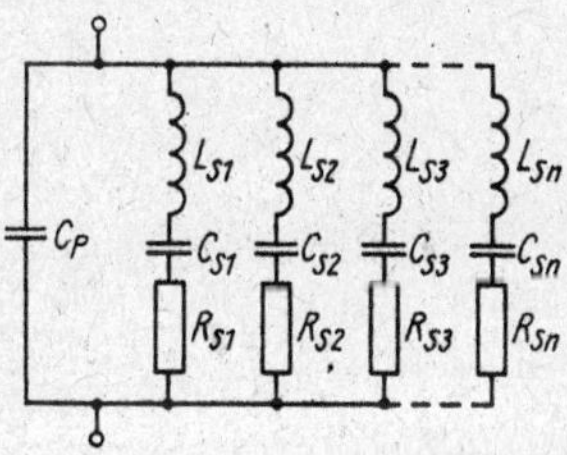

Bild 2.8. Erweiterte Ersatzschaltung eines Quarzes

Nach diesem sind noch weitere Resonanzstellen möglich. Je nach Schaltung kann man den Quarz mit einer dieser Frequenzen erregen. Er wird dann als Oberwellenquarz betrieben und ist vor allem für die Erzeugung höherer Frequenzen von Bedeutung.

Der Verlustwiderstand R_S ist sehr klein. Die Schwingkreisgüte beträgt $Q = 10^6 \cdots 10^7$. Die Induktivität L_S kann sehr hoch werden. Die Serienkapazität wird je nach Schnittwinkel und Abmessung klein ($C_S \approx 10^{-2}$ pF). Die Temperaturabhängigkeit kann man durch den Temperaturkoeffizienten TK_f beschreiben:

$$TK_f = \frac{\Delta f}{f}$$

Frequenzänderung je Temperatureinheit

Üblich sind die Werte $TK_f \approx 10^{-6}$. Ist die Temperaturstabilität nicht ausreichend, muß der Quarz in einem Thermostaten betrieben werden. Ob die Frequenz f_S oder f_P erregt wird, ist davon abhängig, wie der Quarz in die Schaltung eingebaut wird. Auch bei sorgfältiger Fertigung können die Abmessungen nicht so gut eingehalten werden, daß seine Eigenfrequenz mit der gewünschten Frequenz übereinstimmt. Durch Zuschalten von zusätzlichen Blindwiderständen können die Resonanzstellen geringfügig geändert werden. Diesen Vorgang bezeichnet man als *Ziehen*. Im Bild 2.9 sind vier Möglichkeiten der Korrektur

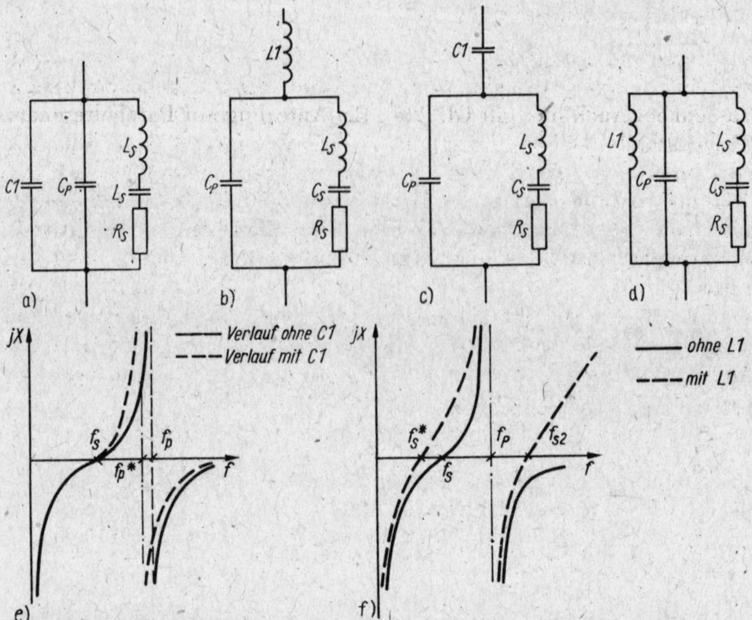

Bild 2.9. Schaltungsvarianten von Blindwiderständen zum Quarz

a) Parallelschaltung eines Kondensators
b) Serienschaltung einer Spule
c) Serienschaltung eines Kondensators
d) Parallelschaltung einer Spule
e) korrigierter Blindwiderstandsverlauf der Schaltung nach Bild 2.9 a)
f) korrigierter Blindwiderstandsverlauf der Schaltung nach Bild 2.9 b)
f_P^*, f_S^* gezogene Resonanzfrequenzen
f_{S2} zweite Serienresonanzstelle

angegeben. Für die ersten beiden ist der korrigierte Blindwiderstandsverlauf mit aufgezeichnet.

- *Parallelkondensator C 1*
  Serienresonanzfrequenz unverändert
  Parallelresonanzfrequenz durch vergrößerte Parallelkapazität verkleinert

- *Serienspule L1*
  Serienresonanzfrequenz verkleinert, es wirkt
  $L_{ges} = L_1 + L_S$
  Parallelresonanzfrequenz unverändert, nur *L1* wirksam

- *Serienkondensator C1*
  Serienresonanzfrequenz erhöht, es wirkt $C_{ges} = \dfrac{C_1 C_S}{C_1 + C_S}$
  Parallelresonanzfrequenz unverändert

- *Parallelspule L1*
  Serienresonanzfrequenz unverändert
  Parallelresonanzfrequenz erhöht, $L_{\text{ges}} = \dfrac{L_1 L_S}{L_1 + L_S}$.

Quarzoszillatoren sind Rückkopplungsschaltungen. Der elektrische Schwingkreis wird durch den Quarz gebildet.

In der Schaltung nach Bild 2.4 ist an dem Ort, wo der Quarz angeschlossen ist, ein Reihen- oder Parallelschwingkreis entsprechend der angegebenen Ersatzschaltung zu denken. Auch hier gilt Gl. (2.5). Bei Anregung auf Parallelresonanz ist der Quarz Bestandteil des Schwingkreises. Zwischen f_S und f_P (s. Bild 2.9) ist der Blindwiderstand induktiv. Dieser Bereich wird ausgenutzt und eine Kapazität parallel zum Quarz geschaltet. Dadurch entsteht der frequenzbestimmende Schwingkreis. Von der Möglichkeit der Parallelschaltung einer Induktivität wird nicht Gebrauch gemacht. Da der kapazitive Bereich des Blindwiderstands zweimal auftritt, würden sich gleichzeitig zwei Parallelresonanzfrequenzen erregen. Liegt der Quarz im Rückkopplungsvierpol, so schwingt er nur dann auf der Frequenz f_P, wenn er parallel zur Basis-Emitter-Strecke eines Transistors liegt. Bei Reihenschaltung entsteht immer Serienresonanz; er wirkt dann wie ein durchlässiger Filter mit dem kleinen Durchlaßwiderstand R_S. Im Bild 2.10 sind prinzipielle Schaltungen für beide Erregungsarten angegeben.

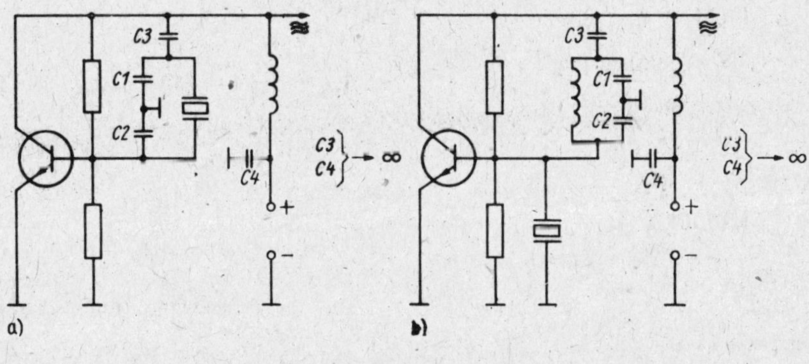

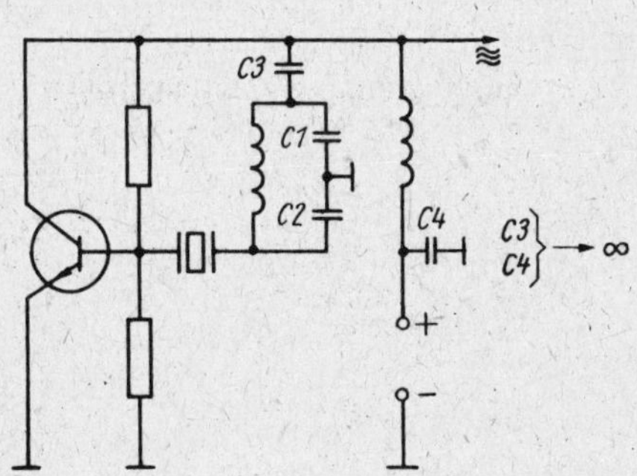

Bild 2.10. Einbaumöglichkeiten eines Quarzes in eine kapazitive Dreipunktschaltung

a) Quarz im Schwingkreis (Parallelresonanz)
b) Quarz im Rückkopplungskreis (Parallelresonanz)
c) Quarz im Rückkopplungskreis (Serienresonanz)

2.2.2.2. Einsatz

Nach dem im Bild 2.4 angegebenen Prinzip arbeiten alle HF-Meßgeneratoren. Die dort angegebene Schaltung ist sehr aufwendig. Das Gerät ist teuer, dafür sind seine Einsatzmöglichkeiten groß. Ein solch universelles Gerät ist für Labor- und Servicearbeiten, die sehr vielfältig sind, geeignet. Für Meßaufgaben in der Produktion sind Einzweckgeneratoren für AM oder FM oder Videomodulation (spezielle AM) ökonomischer. *LC*-Generatoren sind verhältnismäßig frequenzstabil und genau (Fehler $\leqq 10^{-4}$). Natürlich sind einzelne Schaltungsmaßnahmen dafür entscheidend. Für den HF-Bereich lassen sich *LC*-Generatoren einfach und ökonomisch aufbauen. Je niedriger die Oszillatorfrequenz, um so größere Spulen und Kondensatoren müssen zum Aufbau verwendet werden. Bei der Erregung von NF-Signalen würden sich daher Schwierigkeiten ergeben. Deshalb sind im NF-Bereich *LC*-Generatoren nur als Schwebungsgeneratoren üblich.

Beim Schwebungsgenerator müssen die Oszillatoren gegenseitig gut entkoppelt sein, da sonst der Mitnahmeeffekt eintritt. Der Oszillator *2* wird auf die Frequenz des Oszillators *1* gezogen.

In neuerer Zeit werden für den NF-Bereich *RC*-Generatoren benutzt. Der schaltungsmäßige Aufwand ist dort erheblich geringer, allerdings ist der Klirrfaktor höher.

LC-Generatoren werden in Meßschaltungen mit Verstärkervoltmetern, Oszilloskopen oder anderen anzeigenden oder registrierenden Geräten eingesetzt.

Der Anwender ist so in der Lage,

- Empfindlichkeitsmessungen
- Aufnahme von Frequenzgängen
- Abgleicharbeiten
- Verzerrungsmessungen
- Signalverfolgung

vorzunehmen.

2.2.3. RC-Generatoren

2.2.3.1. Aufbau und Wirkungsweise

RC-Generatoren haben stets einen reellen Arbeitswiderstand. Die Phasendrehung im Rückkopplungsvierpol ist frequenzabhängig.

Während beim *LC*-Generator nur für die Schwingfrequenz im Verstärkervierpol eine Phasendrehung von näherungsweise 180° eintritt, ist das beim *RC*-Generator durch den *reellen Außenwiderstand* stets der Fall.

Die grundsätzliche Wirkungsweise folgt gleichfalls aus Bild 2.1. Besondere Bedeutung hat bei *RC*-Generatoren der *Rückkopplungsvierpol*. Nur für eine Frequenz ist die geforderte Phasendrehung

$$\varphi_k = -\varphi_v$$

gewährleistet.

Folglich wird durch die im Rückkopplungsvierpol enthaltenen Bauelemente die Generatorfrequenz bestimmt.

Es werden zwei Möglichkeiten unterschieden:

$\varphi_k = 0°, \varphi_v = 360°$ phasendrehende Verstärkerstufenzahl gerade

$\varphi_k = 180°, \varphi_v = 180°$ phasendrehende Verstärkerstufenzahl ungerade.

In den Bildern 2.11 bis 2.13 sind einige Möglichkeiten zur Gestaltung des Rückkopplungsvierpols dargestellt.

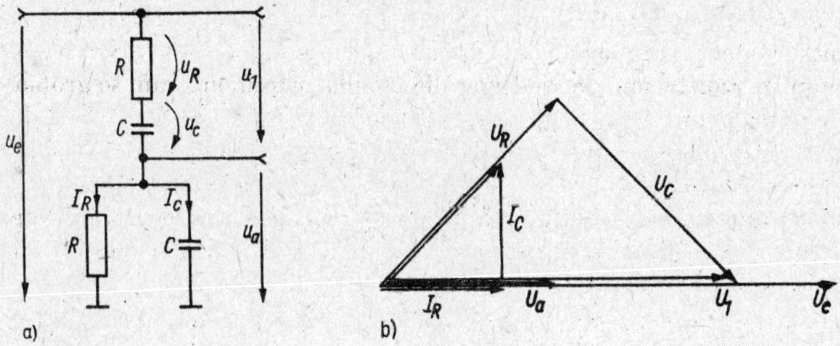

Bild 2.11. Wien-Brücke

a) Schaltung
b) Phasenverhältnisse bei Selbsterregung

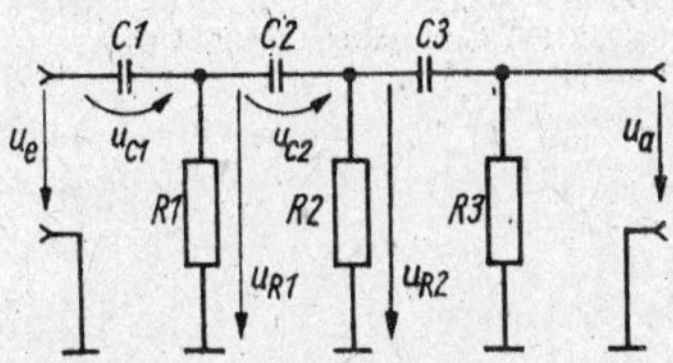

Bild 2.12. Schaltung einer RC-Phasenkette 1. Art

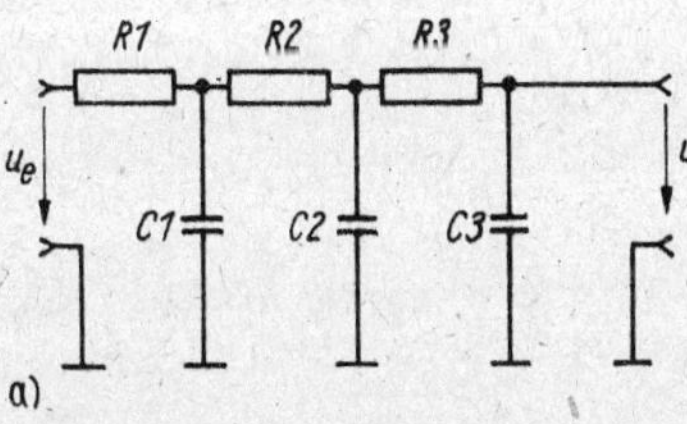

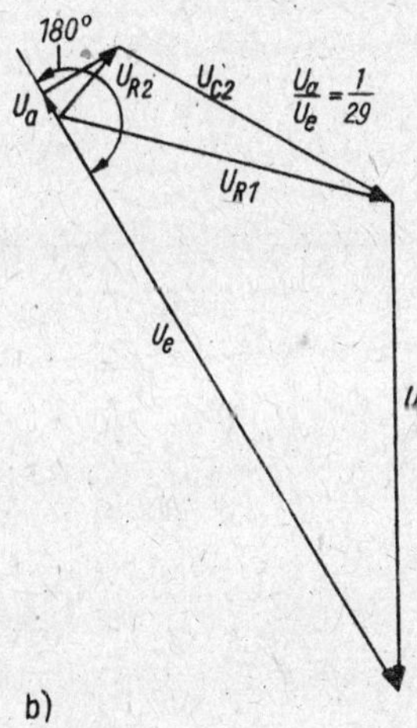

Bild 2.13. RC-Phasenkette 2. Art

a) Schaltung
b) Phasenverhältnisse bei Selbsterregung

Bild 2.11b zeigt das Zeigerbild für den Fall

$$R = \frac{1}{\omega C} \tag{2.17}$$

und

$$\omega = \frac{1}{RC}. \tag{2.18}$$

Bei dieser Frequenz sind U_e und U_a nicht phasenverschoben. In den Bildern 2.12 und 2.13a sind Phasenketten 1. und 2. Art dargestellt. Je *RC*-Glied wird eine bestimmte Phasendrehung wirksam. In Abhängigkeit der Frequenz wäre $0 < \varphi < \frac{\pi}{2}$ möglich. So ist bei drei *RC*-Gliedern eine geforderte Phasendrehung um $180° \triangleq \pi$ erreichbar.

Gilt $R1 = R2 = R3 = R$ und $C1 = C2 = C3 = C$, so tritt die Phasendrehung bei

$$\omega_0 = \frac{1}{\sqrt{6}\,RC} \tag{2.19}$$

ein.

Der Betrag des Rückkopplungsfaktors ergibt sich zu

$$k = |\boldsymbol{k}| = \frac{U_a}{U_e} = \frac{1}{29}. \tag{2.20}$$

Für die Phasenkette 2. Art gilt

$$\omega_0 = \frac{\sqrt{6}}{RC}$$

$$k = \frac{1}{29}.$$

Eine große Anzahl von Schaltungsvarianten ist möglich. Die weitaus gebräuchlichste verwendet die Wien-Brücke. Im Abschn. 5. wird gezeigt, daß sie auch in Frequenzmeßgeräten einsetzbar ist. Die Schaltungsentwicklung strebt zur elektronischen Abstimmung der Brücke. Im Bild 2.14 sind vier Varianten angegeben.

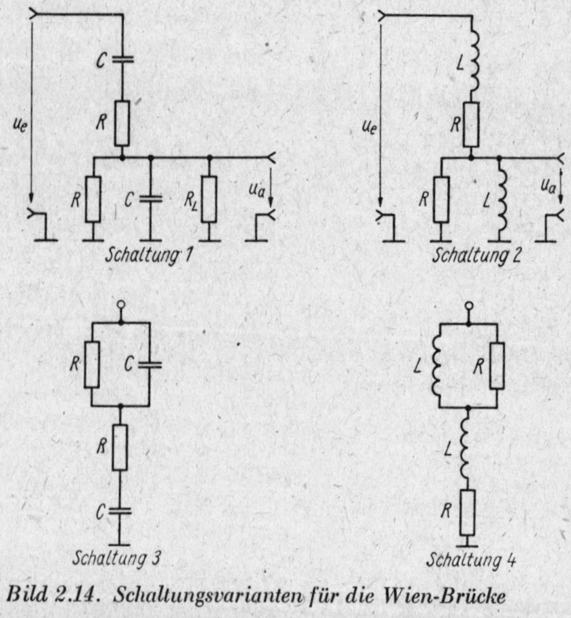

Bild 2.14. Schaltungsvarianten für die Wien-Brücke

Da die technische Ausführung von Induktivitäten aufwendig ist, kommen nur die Schaltungsvariante *1*, gegebenenfalls auch Variante *3* zum Einsatz. Etwas genauer wird nur die Variante *1* betrachtet. Dabei wird der Einfluß der Belastung durch den Verstärkereingang, dargestellt durch R_L, berücksichtigt.

Wichtige Größen sind

$$\boldsymbol{k} = \frac{\boldsymbol{U}_a}{\boldsymbol{U}_e}$$

$$S\varphi \approx \frac{\Delta\varphi}{\Delta V}. \tag{2.21}$$

S_φ ist die Phasensteilheit; je größer sie ist, um so frequenzstabiler arbeitet die Schaltung.

Für die Schaltung *1* folgt, ohne auf die Ableitung einzugehen,

$$\omega_0 = \frac{1}{RC} \tag{2.22}$$

$$\boldsymbol{k} = \frac{1}{3 + jV} \tag{2.23}$$

$$\boldsymbol{k}_{V=0} = k = \frac{1}{3}$$

$$\varphi = -\arctan\frac{V}{3} \tag{2.24}$$

$$S_\varphi = \frac{-1}{3\left[1 + \left(\frac{V}{3}\right)^2\right]}. \tag{2.25}$$

In keiner Gleichung ist R_L berücksichtigt; geschieht dies, so folgt

$$\omega_0 = \frac{1}{RC}\sqrt{1+\varrho} \tag{2.26}$$

$$\boldsymbol{k} = \frac{1}{3 + \varrho + jV\sqrt{1+\varrho}}$$

$$|\boldsymbol{k}| = k = \frac{1}{(3+\varrho)^2 + V^2 + \varrho V^2} \tag{2.27}$$

$$\varphi = -\arctan V\frac{\sqrt{1+\varrho}}{\sqrt{3+\varrho}}. \tag{2.28}$$

Man kann sich leicht überzeugen, daß sich für $\varrho = 0$ die obigen Formeln ergeben. Außerdem haben folgende Größen die Bedeutung:

$$\eta = \frac{\omega}{\omega_0} \qquad \text{normierte Frequenz}$$

$$V = \eta - \frac{1}{\eta} = \frac{\omega}{\omega_0} - \frac{\omega_0}{\omega} \qquad \text{Doppelverstimmung}$$

$$\varrho = \frac{R}{R_L} \qquad \text{Widerstandsverhältnis.}$$

Die durch Bauelementetoleranzen entstehende Unsymmetrie in der Brücke wurde nicht berücksichtigt, bei eng tolerierten Bauelementen bleiben die Auswirkungen gering.

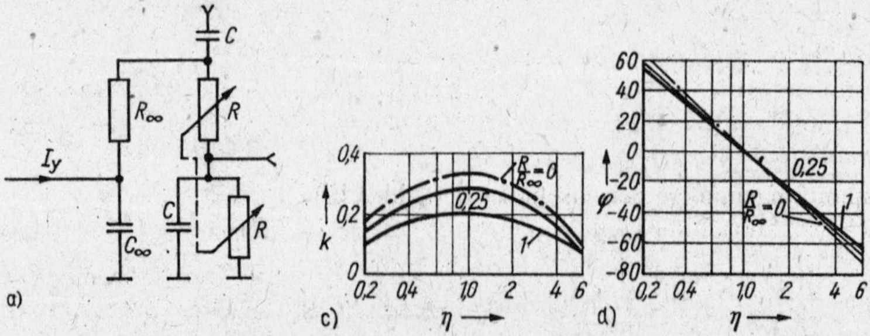

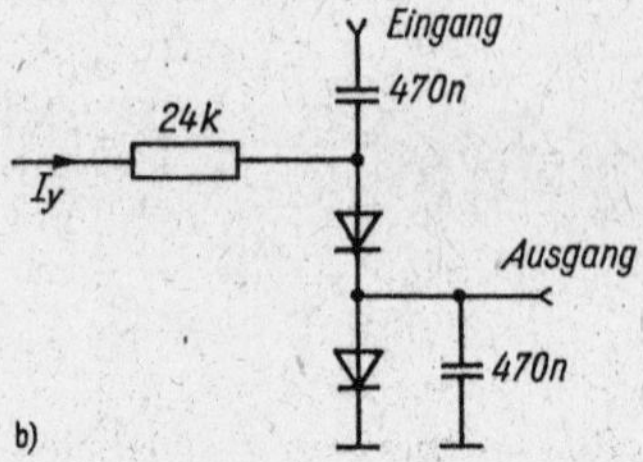

Bild 2.15. Serienschaltung einer Widerstandssteuerung bei der Wien-Brücke

a) Prinzip
b) Schaltungsbeispiel mit Halbleiterdioden
c) Frequenzabhängigkeit des Rückkopplungsfaktors
d) Frequenzabhängigkeit der Phasenlage
I_y Steuergröße

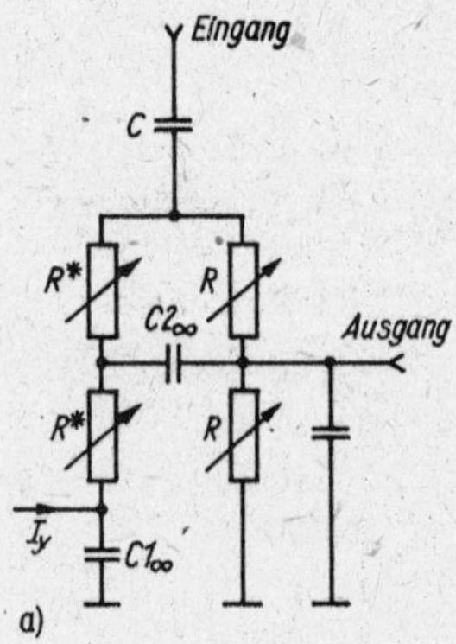

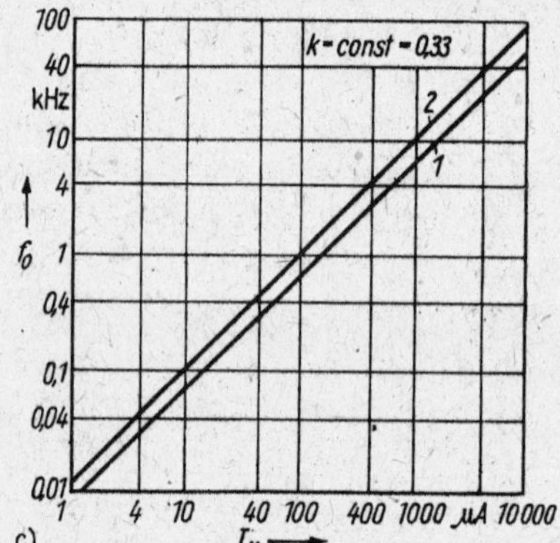

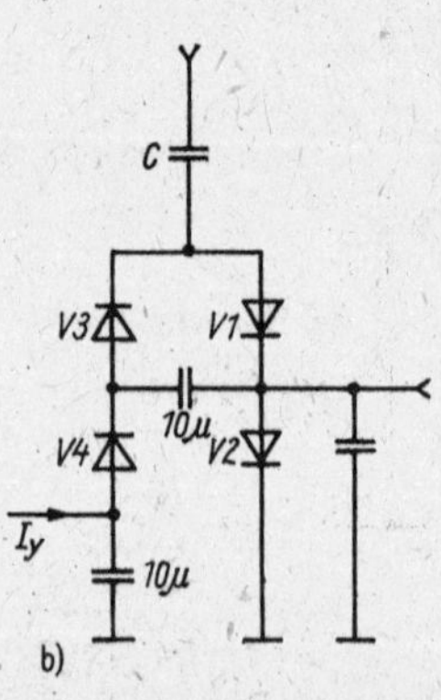

Bild 2.16. Antiparallelschaltung einer Widerstandssteuerung bei der Wien-Brücke

a) Prinzip
b) Schaltungsbeispiel mit Halbleiterdioden
c) Frequenzabhängigkeit des Steuerstroms
1 Durchlaßrichtung, $C = 750$ nF; *2* Sperrrichtung; $C = 150$ nF

In neueren Schaltungen setzt sich immer mehr die elektronische Steuerung der Brückenzweige durch. Am günstigsten ist die Einspeisung der Steuergröße am Brückeneingang. Dieses Prinzip ist jedoch nicht immer anwendbar. Bei Widerstandssteuerung erfolgt die Einspeisung über einen Speisewiderstand in den Brückenzweig.

Die erforderliche Stellspannung muß um den Spannungsabfall $I_y R_\infty$ größer sein. Deshalb interessiert vor allem das Verhältnis $R/R_{\infty\,max}$, bei dem eine Störung von $k(\eta)$ und $\varphi(\eta)$ noch in erträglichen Grenzen bleibt. Für die Einspeisung existieren zwei Möglichkeiten:

- wechselspannungsmäßige Serienschaltung (Bild 2.15)
- Antiparallelschaltung der steuerbaren Elemente (Bild 2.16).

Die Abweichung $\varphi(\eta)$ ist gering; die Abweichung $k(\eta)$ vom Idealwert $k = 1/3$ kann bis 30% betragen. Der Verstärker muß deshalb eine automatische Amplitudenregelung haben. Das Verhältnis R/R_∞ ändert sich bei Verstimmung. Wegen des Ansteigens des Klirrfaktors sind nur kleine Aussteuerungen möglich.

Die Antiparallelschaltung im Bild 2.16 umgeht die Nachteile der Serienschaltung. Die gesteuerten Widerstände können Halbleiterdioden sein. Sie sind für den Stellstrom in Serie, für die dem Brückenglied zugeführte Spannung entgegengesetzt in Antiparallelschaltung geschaltet. Da entstehende ungerade Oberwellen herausfallen, ist der Klirrfaktor geringer. Um die Phasensteilheit S_φ und k nicht ungünstig zu beeinflussen, wird die Zuführung der Stellgröße wechselspannungsmäßig für die dem Brückenglied zugeführte Spannung möglichst auf Erdpotential gebracht. Man erreicht dies durch $C_\infty \geqq 5C$ oder durch Einspeisung aus einer Konstantstromquelle. Bei $C_\infty = 5C$ ändert sich ω_0 nur noch um 2%.

Im Bild 2.17 ist ein *Wien-Brücken-Generator* dargestellt. Die Frequenzvariation wird in der Schaltung manuell durchgeführt. Mit $R1$ kann ω_0 stetig geändert und durch $C1$ bis $C3$ in drei Bereiche geteilt werden. In $V1$ und $V3$ erfolgt je eine Phasendrehung um 180°. Da die Stufen *1* und *2* stark gegengekoppelt sind,

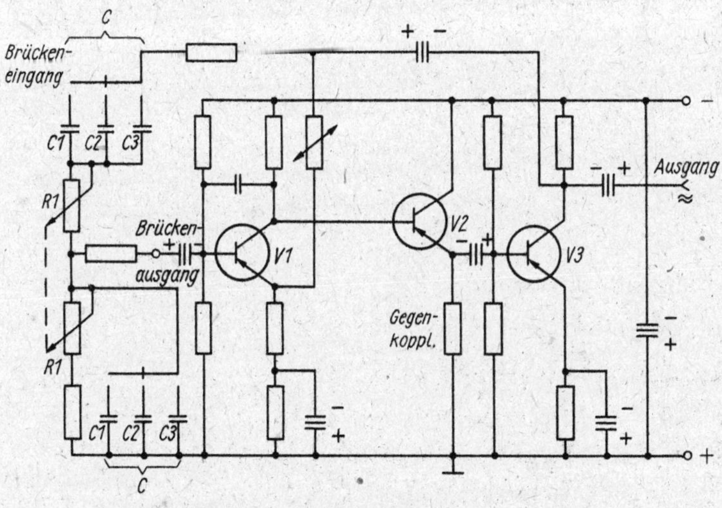

Bild 2.17. Beispiel eines Wien-Brücken-Generators

ist die Schaltung sehr stabil, und die Verzerrungen bleiben gering. Die Ausgangsspannung wird einer nicht gezeichneten Trennstufe zugeführt. Man erreicht durch diese Maßnahme, daß am Generator angeschlossene Lastwiderstände die Frequenzstabilität nicht beeinflussen. Der Verstärker muß einen Verstärkungsfaktor $v = 1/k$ haben.

2.2.3.2. Einsatz

RC-Generatoren sind mit einem einstellbaren Frequenzbereich bis einige hundert kHz ausgerüstet. Die erzeugte Spannung wird nicht moduliert, dadurch verringert sich der notwendige schaltungstechnische Aufwand. *RC*-Generatoren werden deshalb zur Prüfung von NF-Schaltungen eingesetzt. Im Vergleich zu *LC*-Generatoren ist der schaltungstechnische Aufwand für einen gleich niedrigen Klirrfaktor und eine gleich hohe Spannungs- und Frequenzstabilität größer, durch fehlende Modulation und kleineren Frequenzbereich wird dies aber kompensiert.

Die Prüfung von NF-Schaltungen beinhaltet:

- Aufnahme von Frequenzgängen
- Verzerrungsmessungen
- Signalverfolgungen
- Abgleicharbeiten, z. B. bei Stereodekodern.

Der Generator ist auch hier wieder Signalquelle; er wird in Kombination mit anderen Meßgeräten in einer Meßschaltung betrieben.

2.3. Generatoren mit nichtsinusförmiger Ausgangsspannung (Impulsgeneratoren)

2.3.1. Allgemeine Bedingungen

Der Begriff nichtsinusförmig ist sehr allgemein. Es existieren vor allem Generatoren, die eine impulsförmige oder rechteckige Ausgangsspannung abgeben. Geräte, die eine Sägezahnspannung erzeugen, sind als Einzelgerät kaum gebräuchlich. Oft haben Impulsgeneratoren einen Ausgang für eine Sägezahn-

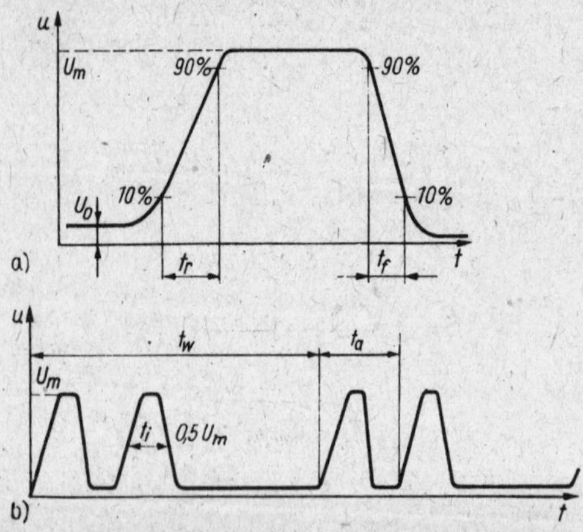

Bild 2.18. Zur Erläuterung des Rechteckimpulses

a) realer Rechteckimpuls
b) Rechteckimpulsfolge

spannung. Die Möglichkeit ihrer Erzeugung wird im Abschn. 3.2.4.2. für das Elektronenstrahloszilloskop beschrieben.

Große Bedeutung haben Generatoren, die eine Impulsspannung abgeben. Sie werden vorwiegend in der digitalen Meßtechnik eingesetzt. Die Ausgangsspannung wird durch die Größen

t_r Anstiegszeit
t_f Abfallzeit
U_0 Offsetspannung
U_m Amplitude
t_i Impulsbreite
t_a Impulsabstand
t_w Wiederholzeit

beschrieben.

Die Bedeutung der Größen geht aus Bild 2.18 hervor.

2.3.2. Aufbau und Wirkungsweise

Die Einteilung der Impulsgeneratoren kann nach der Art der Schwingungserzeugung vorgenommen werden. Die Schwingungen können durch einen Sinusoszillator (durchstimmbarer *LC*-Generator) oder eine astabile Kippstufe erzeugt werden.

Sinusoszillator ⟶ Impulsformer
↓
Verzögerung
↓
Impulsbreite ⟶ Endstufe

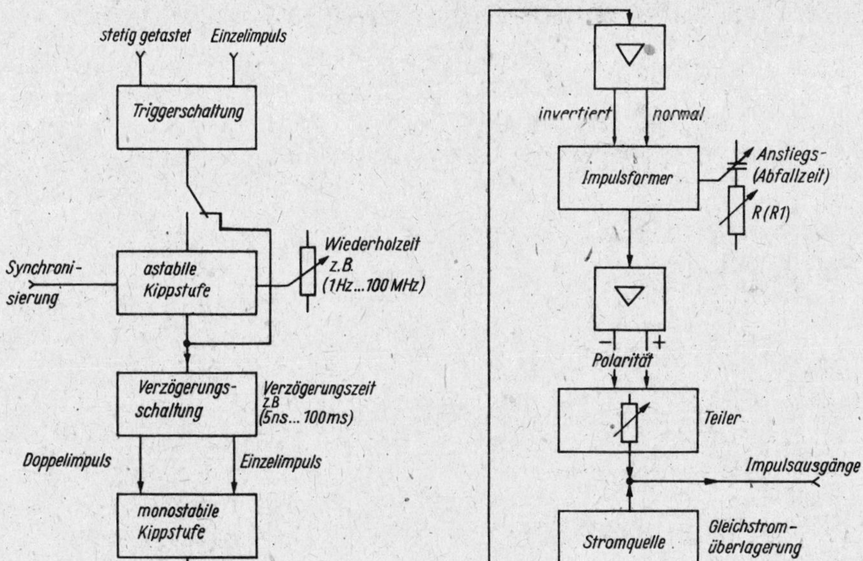

Bild 2.19. Übersichtsschaltplan eines Impulsgenerators

astabile Kippstufe ⟶ Verzögerung

↓

Impulsbreite ⟶ Impulsformer ⟶ Endstufe.

Die Erläuterung eines Impulsgenerators mit astabiler Kippstufe erfolgt am Übersichtsschaltplan, der im Bild 2.19 angegeben ist. Das dargestellte Prinzip enthält alle Funktionsstufen zur Einstellung der Impulsgrößen. Andere Geräte sind ähnlich mit mehr oder weniger großem Aufwand aufgebaut. Da für die Funktionsstufen mannigfaltige Schaltungsvarianten existieren, unterscheiden sich die Geräteschaltungen im Detail.

Der Generator ist extern oder intern zu betreiben.

Im Fall eines externen Betriebes wird die astabile Kippstufe abgeschaltet. Extern werden Impulse oder Sinusschwingungen der Triggerschaltung (Schmitt-Trigger) zugeführt; am Triggerausgang entsteht eine Rechteckspannung (s. auch Abschn. 3.2.4.4.). Bei interner Betriebsart wird die Rechteckspannung in einer *astabilen Kippstufe* erzeugt. Im Bild 2.20 ist eine emittergekoppelte astabile

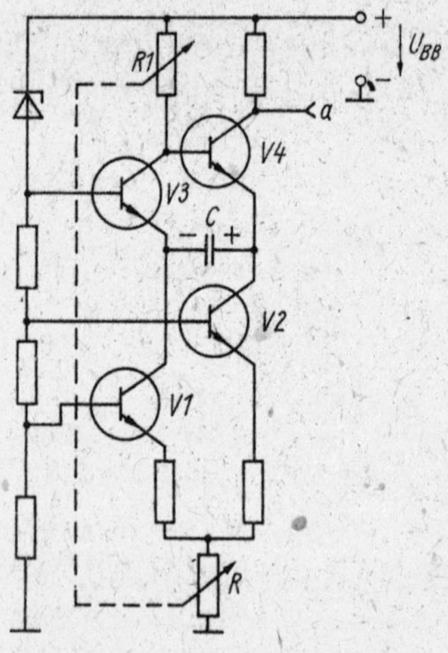

Bild 2.20. Emittergekoppelte astabile Kippstufe

Kippstufe dargestellt. Am Anschluß *a* kann eine Rechteckspannung entnommen werden. Die Ladung von *C* erfolgt über *R*, *V*1 und *V*4. Die Entladung läuft über *V*2 und *V*3. Die Wiederholzeit wird durch *R*1 und *R* bestimmt. Eine solche Schaltung gibt eine Rechteckspannung mit sehr kurzer Anstiegs- und Abfallzeit ab.

Durch die *Verzögerungsschaltung* kann der zeitliche Abstand der Impulse variiert werden. Sie besteht aus

- Differenzverstärker
- Verzögerungskreis (meist monostabile Kippstufe)
- Differenzverstärker-Emitterfolger
- Differenzverstärker.

Im Bild 2.21 ist der Übersichtsschaltplan angegeben. Die Rechteckimpulse gelangen auf den Differenzverstärker. Es erfolgt eine Umwandlung in Nadelimpulse. Mit diesen wird eine *monostabile Kippstufe* mit einem großen einstellbaren Bereich als Verzögerungskreis getriggert. Um zu vereinfachen, ist dieser

Teil im Bild 2.21 nicht mit dargestellt. Anschließend erfolgt eine erneute Impulsformung in einem zweiten Differenzverstärker. Der Emitterfolger übernimmt die Anpassung an die nächste Stufe. Im ersten Differenzverstärker entstehen positive und negative Nadelimpulse aus der Vorder- und Rückflanke des Rechteck-

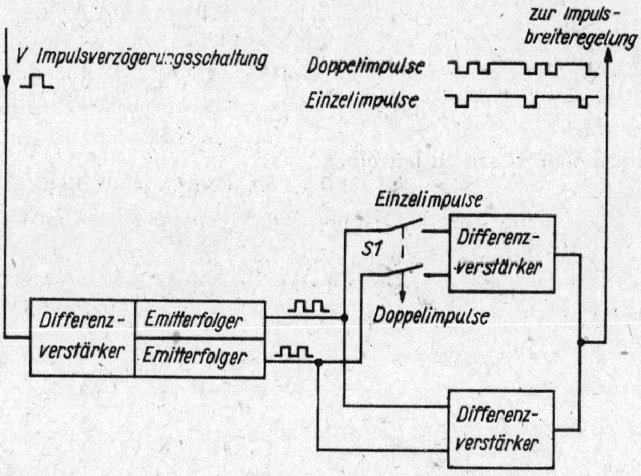

Bild 2.21. Verzögerungsschaltung mit Impulsformung

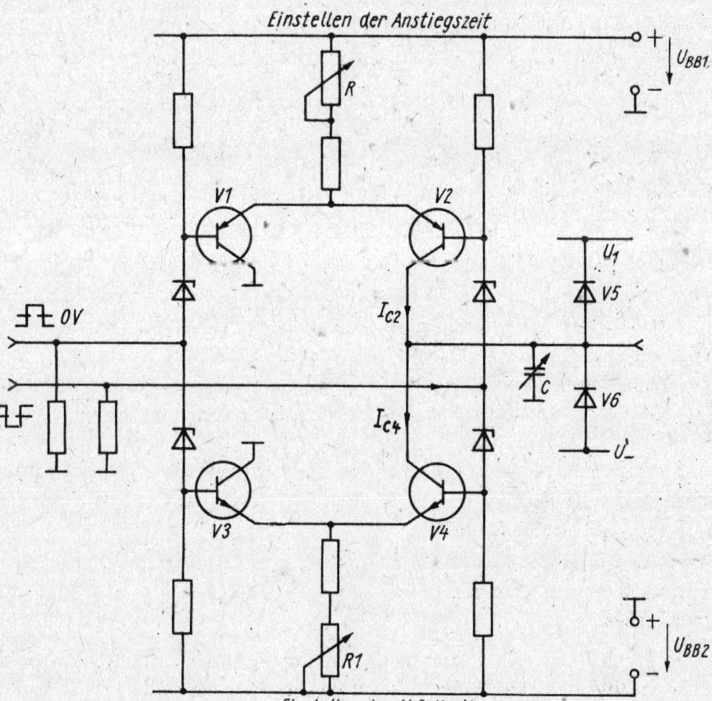

Bild 2.22. Impulsformerstufe

impulses, wobei der eine gegen den anderen verzögert werden kann. Das bedeutet *Variation von* t_a. Der zweite Teil der Schaltung enthält zwei Differenzverstärker; je nach Schalterstellung von $S1$ können Einzel- oder Doppelimpulse erzeugt werden. In der anschließenden Stufe kann die Impulsbreite variiert werden. Der nachgeschaltete *Verstärker* kann als Inverter (Umkehrer – ungerade Stufenzahl) oder normal zeitrichtig arbeiten. In der folgenden *Impulsformerstufe* besteht die Möglichkeit, die Anstiegs- und Abfallzeit zu variieren. Die Einstellung kann unabhängig voneinander vorgenommen werden.

Aus der Impulsbreitenschaltung gelangen die Impulse invertiert oder zeitrichtig auf die beiden Eingänge der im Bild 2.22 dargestellten Impulsformerstufe. Sie steuern jeweils die Basis von $V1$ und $V3$ bzw. $V2$ und $V4$ an. Im Kollektorkreis von $V2$ und $V4$ liegt der Kondensator C, der wesentlich Abfall- und Anstiegszeit bestimmt.

Der positive Impuls steuert $V1$ und $V3$, der negative $V2$ und $V4$. Dabei werden $V2$, $V3$ leitend und $V1$, $V4$ gesperrt bzw. $V2$, $V3$ gesperrt und $V1$, $V4$ leitend. Der Kondensator C wird durch den Kollektorstrom I_{C2} von $V2$ geladen.
Bei geeigneter Wahl des Arbeitspunktes des Transistors kann der Kollektorstrom I_{C2} = konst. gehalten werden. Die Auf- und Entladung ist dann in weiten Grenzen linear (s. Gl. 2.29). Bei konstantem Ladestrom gilt

$$U_C = \frac{Q}{C} = \frac{I_{C2}}{C} \Delta t. \tag{2.29}$$

Wird $U_C = U_m$, dann folgt mit $\Delta t = t_r^*$

$$t_r^* = \frac{U_m C}{I_{C2}}. \tag{2.30}$$

Man beachte, daß in Gl. (2.30) t_r^* für die gesamte Flanke des Impulses gilt. Nach Bild 2.18 wird aber t_r von 0,1 U_m bis 0,9 U_m gemessen. Eine Berechnung von t_r ist über die Beziehung $t_r = 0{,}9\, t_r^* - 0{,}1\, t_r^*$ möglich. Wichtig ist, daß zwischen t_r und I_{C2} indirekte Proportionalität besteht.

$$t_r \sim \frac{1}{I_{C2}}. \tag{2.31}$$

Der Strom I_{C2} kann mit R eingestellt werden, also auch die Anstiegszeit. Die Entladung erfolgt über $V4$, sie ist abhängig von I_{C4} und C. Analog gilt hier

$$t_f \sim \frac{1}{I_{C4}}. \tag{2.32}$$

Noch vielseitiger wird der Generator, wenn noch eine Verschiebung des Bezugspotentials möglich ist. Eine *Offsetschaltung* gestattet eine wahlweise Grundlinienverschiebung in positiver oder negativer Richtung. Die Schaltung besteht aus zwei unabhängigen gegengekoppelten Stromquellen.

Im Bild 2.23 ist die Endstufe der Offsetschaltung dargestellt.

Offset-Nullstellung	Von keinem der beiden Kollektorkreise wird dem Impuls ein Strom überlagert.
Positive Verschiebung	Negative Vorspannung für $V1$ wird erhöht; $V1$ wird leitend, $V2$ bleibt gesperrt.
Negative Verschiebung	Negative Vorspannung für $V2$ wird erhöht; $V2$ wird leitend, $V1$ bleibt gesperrt.

Damit der Offsetpegel unabhängig von der Amplitude wird, ist der Teiler vor der Offsetschaltung angeordnet.

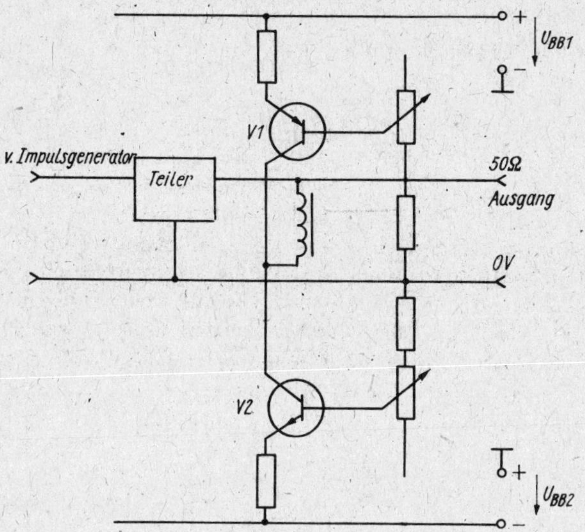

Bild 2.23. Endstufe der Offsetschaltung

2.3.3. Einsatz

Vom Aufbau und Einsatz können Impulsgeneratoren in zwei Gruppen eingeteilt werden.

1. Gruppe

Sie ist universell einsetzbar. Die Merkmale sind:

- großer Frequenzbereich
- Vielzahl von Impulsformen
- Impulsbreitenregelung
- Impulsverzögerung

2. Gruppe

Einzweckgeneratoren für spezielle Anwendungen. Die Merkmale sind:

- hohe Anstiegs- und Abfallgeschwindigkeit (bis Picosekundenbereich)
- hohe Impulsfolgefrequenz
- hohe Frequenzstabilität.

Die Entwicklung verläuft zur Verschmelzung beider Gruppen.

Impulsgeneratoren dienen als Signalquelle bei der Erprobung, Fertigung und Wartung digitaler Schaltungen. Vor allem bei dynamischen Messungen sind sie unentbehrlich.

Durchlaufen Signalimpulse eine derartige elektronische Schaltung, dann können aus der Messung der genannten bestimmenden Impulsgrößen eine Reihe von Aussagen über die Funktion der Schaltung getroffen werden, z. B.

- Impulsverformung (Dachabfall, Verschleifen der Flanken, Überschwingen)
- Verzögerungs- und Speicherzeit
- Triggerempfindlichkeit (notwendige Impulsbreite, Amplitude, Flankensteilheit)
- Erholzeit, Wiederbereitschaftszeit (Abstand zweier Triggerimpulse).

2.3.4. Impulsgeneratoren mit integrierten Schaltkreisen

In neueren Geräten sind Impulsgeneratoren mit integrierten Schaltkreisen aufgebaut.

Die erforderlichen Schaltungen lassen sich sehr einfach mit handelsüblichen digitalen Schaltkreisen aufbauen und sind dem Verwendungszweck entsprechend variierbar. Dazu können spezielle Taktgeber aus Flipflops (Frequenzteiler) mit kombinatorischer Logikschaltung, Schieberegister oder Ringzähler eingesetzt werden.

Im folgenden soll eine einfache Schaltung vorgestellt werden (Bild 2.24).

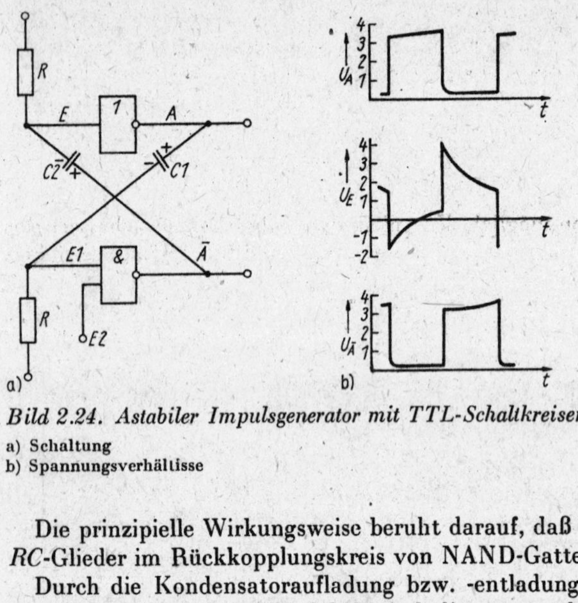

Bild 2.24. Astabiler Impulsgenerator mit TTL-Schaltkreisen

a) Schaltung
b) Spannungsverhältisse

Die prinzipielle Wirkungsweise beruht darauf, daß die frequenzbestimmenden *RC*-Glieder im Rückkopplungskreis von NAND-Gattern liegen.

Durch die Kondensatoraufladung bzw. -entladung werden die Eingänge der Gatter gesteuert. Im Bild 2.24b sind die entsprechenden Signale dargestellt. Gatter *1* als Negator hat folgendes Schaltverhalten: Bei eingangsseitigem Signal „Hoch" (Binärzeichen *1*) erscheint ausgangsseitig das Signal „Tief" (Binärzeichen *0*) bzw. umgekehrt. Dazu läßt sich eine Schaltbelegungstabelle angeben (Tafel 2.1).

Die zugehörige Schaltfunktion lautet

$$A = \overline{E} \text{ oder } y = \overline{x}.$$

Für das Gatter *2* gilt Tafel 2.2.
Die zugehörige Schaltfunktion lautet

$$A = \overline{E_1 E_2} \text{ oder } y = \overline{x_1 x_2}.$$

Tafel 2.1. Schaltbelegungstabelle eines Negators (NOT)

E ≙ x	A ≙ y	Zustand des Gatters	Logisches Symbol
1	0	leitend	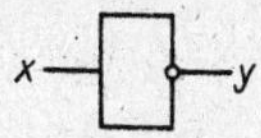
0	1	gesperrt	

Tafel 2.2. Schaltbelegungstabelle eines NAND-Gliedes

E_1 ≙ x_1	E_2 ≙ x_2	A ≙ y	Zustand des Gatters	Logisches Symbol
0	0	1	nicht leitend	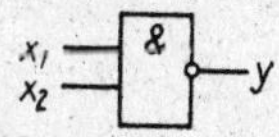
0	1	1	nicht leitend	
1	0	1	nicht leitend	
1	1	0	leitend	

Mit dem Eingang E_2 kann bei Belegung mit dem Signal „Hoch" (bei TTL-Schaltkreisen z. B. D100 hat das Signal „Hoch" eine Spannung $> 2{,}4$ V) die Schaltung zum Schwingen, also zur Impulserzeugung freigegeben werden.

Durch geringe Unsymmetrien in der Schaltung schwingt der Generator an, allerdings darf bei dieser einfachen Schaltungsvariante der Widerstand R nicht zu groß gewählt werden. Die Frequenz beträgt $f \approx \frac{1}{2RC}$.

Durch C ist eine Variation möglich. Kompliziertere Schaltungen verbessern das Anschwingverhalten, die Störsicherheit, Temperaturstabilität, Lastabhängigkeit usw.

2.4. Spezialgeneratoren (Wobbelgenerator)

2.4.1. Allgemeine Bedingungen

Der Wobbelgenerator liefert eine sinusförmige Ausgangsspannung. Er ist somit eine der möglichen LC-Varianten, nimmt aber eine Sonderstellung ein, da die Frequenz der Ausgangsspannung stetig zwischen zwei Extremwerten schwankt. Der Generator ist speziell zur Rationalisierung für die Aufnahme von Frequenzgängen entwickelt worden.

2.4.2. Aufbau und Wirkungsweise

Der Generator gibt eine Spannung ab, die sich durch die Funktion

$$u = \hat{u} \cos \Omega(t)\, t \tag{2.33}$$

darstellen läßt. Die Frequenz $\Omega(t)$ ist variabel. Sie ist abhängig von der Zeit. Man erreicht das, indem der Oszillator frequenzmoduliert wird. Wird Gl. (2.16) in Gl. (2.33) eingesetzt, so erhält man schließlich

$$u = \hat{u} \cos(\Omega + \Delta\Omega \cos \omega t)\, t. \tag{2.34}$$

Meist erfolgt die Frequenzmodulation mit einer sinus- bzw. kosinusförmigen Modulationsspannung. Bei hochwertigen Wobbelgeräten besteht die Möglichkeit einer externen Zuführung. Vor allem in Verbindung mit Oszilloskopen ist die Zuführung der zeitlinearen Kippspannung als Modulationsspannung von Interesse. In diesem Fall ergeben sich gut auswertbare Oszillogramme ohne zusätzliche Maßnahmen hinsichtlich Synchronisation oder Triggerung.
Abweichend von den in Gl. (2.16) verwendeten Bezeichnungen, werden beim Wobbelgenerator die Größen $\Delta\Omega$ bzw. Δf_1 als Wobbelhub bezeichnet.

Der Wobbelgenerator wird immer in Verbindung mit einem Oszilloskop benutzt. Das Oszillogramm stellt dann die *Amplituden-Frequenz-Charakteristik* des untersuchten Vierpols dar. Geräte, bei denen Wobbelgenerator und Oszilloskope in einem Gerätesystem vereinigt sind, bezeichnet man als *Selektografen*.

2.4.3. Einsatz

Mit der Verwendung von Wobbelgeneratoren ist die Aufnahme von Frequenzgängen gegenüber der punktweisen Darstellung entscheidend rationalisiert worden. Das Gerät ist relativ kostenaufwendig. Der Nutzen für die Rationalisierung von Meß- und Abgleichvorgängen ist aber so hoch, daß dieser Nachteil von untergeordneter Bedeutung ist.

Mit einem Wobbelgenerator kann der Frequenzgang eines Vierpols automatisch gemessen und mit einem Oszilloskop sichtbar gemacht werden.

Vorteile

- Aus der dargestellten Durchlaßkurve (Frequenzgang) kann auf die Übertragungseigenschaften eines Vierpols geschlossen werden. Zur Erleichterung der Auswertung werden meist Frequenzmarken eingeblendet.
- Abgleicharbeiten an Filtern, Diskriminatoren können rationell durchgeführt werden. Veränderungen der Schaltelemente (Abgleich von Spulen, Trimmerkondensatoren, Schaltelementen zur Bedämpfung) können in ihrer Wirkung direkt beobachtet werden.

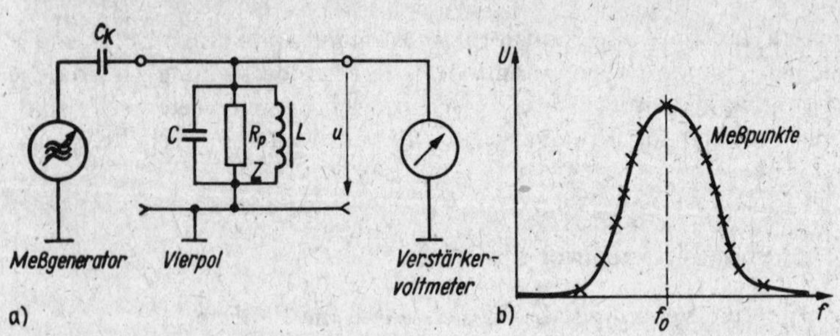

Bild 2.25. Aufnahme der Amplituden-Frequenz-Kennlinie eines Vierpols
a) Meßschaltung; b) Meßkurve

Im Bild 2.25 ist die konventionelle Messung mit Meßgenerator und Verstärkervoltmeter der Messung im Bild 2.26 mit Wobbelgenerator und Oszilloskop

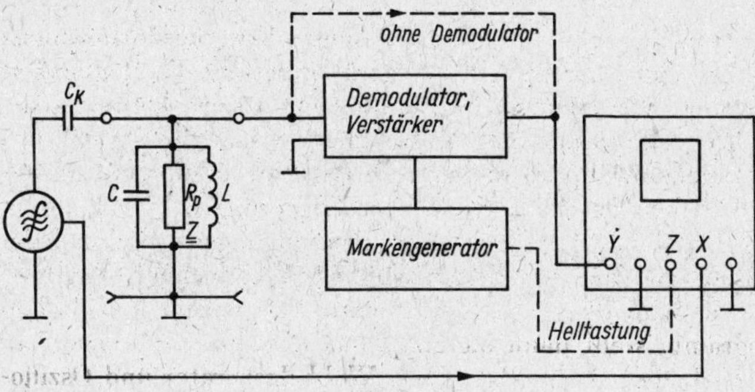

Bild 2.26. Aufnahme der Amplituden-Frequenz-Kennlinie eines Vierpols mit einem Wobbelgenerator

gegenübergestellt. Der untersuchte Parallelschwingkreis hat einen frequenzabhängigen Widerstand.

$$\mathbf{Z} = \frac{R_p}{(1 + jQV)}$$

$$Z = |\mathbf{Z}| = \frac{R_p}{\sqrt{1 + (QV)^2}} \tag{2.35}$$

$$Q = \frac{R_p}{\omega_0 L} \qquad \text{Schwingkreisgüte}$$

$$V = \frac{\omega}{\omega_0} - \frac{\omega_0}{\omega} \qquad \text{Doppelverstimmung.} \tag{2.36}$$

In Gl. (2.36) sind $\omega_0 = 1/\sqrt{LC}$ die Resonanzfrequenz und ω die Meßfrequenz. Nach dem Verfahren vom Bild 2.25 wird eine Frequenz eingestellt, dann die Spannung am Spannungsmesser abgelesen, danach erfolgen erneute Einstellung

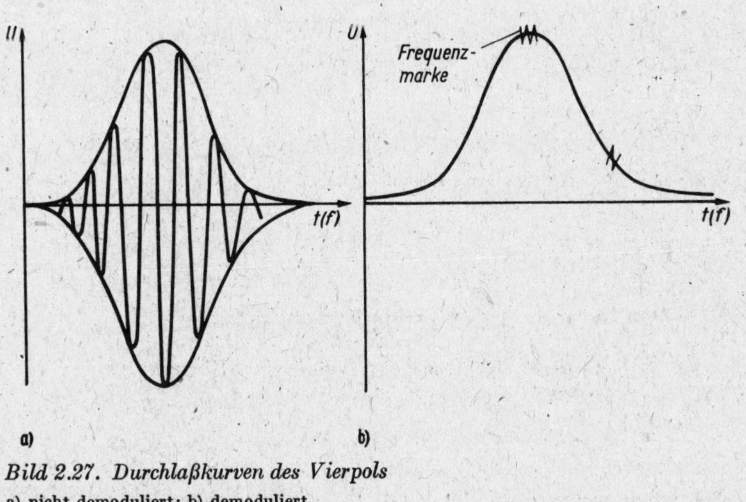

Bild 2.27. Durchlaßkurven des Vierpols
a) nicht demoduliert; b) demoduliert

der Frequenz und erneute Spannungsmessung. Dieser Vorgang wird wiederholt bis genügend Meßpunkte vorhanden sind. Werden Abgleicharbeiten durchgeführt, müßte die punktweise Aufnahme nach jeder Schaltungsänderung wiederholt werden. Beim Wobbelverfahren wird die Frequenz stetig geändert. Da, durch den kleinen Koppelkondensator bedingt, eine Konstantstromeinspeisung in den Vierpol erfolgt, ist die Spannung U proportional $|\mathbf{Z}| = Z$:

$$U \sim Z. \tag{2.37}$$

Durch die Frequenzabhängigkeit des Scheinwiderstands des Parallelschwingkreises entsteht der im Bild 2.27a dargestellte Spannungsverlauf.

Richtet man die Spannung U gleich (Demodulation), bleibt nur die Einhüllende als Frequenzgang (Bild 2.27b). Als Zeitablenkspannung wird für das Oszilloskop die modulierende NF benutzt. Dabei entstehen Diagramme mit unterschiedlicher Ausleuchtung. In der Umgebung der Extremwerte wird der Strahl langsam geschrieben, die Helligkeit ist dort groß. Erfolgt die Auslenkung mit der Zeitbasisspannung des Oszilloskops, dann muß die Synchronisation mit der NF erfolgen. Die entstehenden Bilder sind aber gleichmäßig ausgeleuchtet. Zur leichteren Auswertung können Frequenzmarken (Markengenerator) in das Oszillogramm eingeblendet werden (vgl. Abschn. 3.3.2.).

Aufgaben

2.1. Erläutern Sie das Prinzip der Rückkopplung unter Verwendung vom Bild 2.1!

2.2. Nennen Sie Anwendungsbeispiele für einen Meßgenerator, wie ihn Bild 2.4 darstellt!

2.3. Stellen Sie LC -und RC-Generatoren in einer vergleichenden Betrachtung gegenüber!

2.4. Erläutern Sie das Prinzip eines Schwebungsgenerators!

2.5. Welche Netzwerke werden im Rückkopplungsvierpol von RC-Generatoren verwendet? Welche Eigenschaften haben diese?

2.6. Erläutern Sie die Bedeutung und den Inhalt der Kenngrößen einer Impulsspannung anhand des Bildes 2.18!

2.7. Wie arbeitet die Offsetschaltung, die im Bild 2.23 dargestellt ist?

2.8. Welchen Vorteil bietet der Einsatz von Wobbelgeneratoren beim Abgleich von aktiven oder passiven Filtern?

3. Oszilloskope

3.1. Allgemeines

Das Oszilloskop ist ein universelles Meßgerät, mit dem zeitabhängige elektrische Größen, z. B. Spannung und Strom, visuell dargestellt werden können. Aus diesen Kurvenverläufen können Aussagen über Aufbau, Funktion und Betriebsverhalten des untersuchten Systems getroffen werden. Zum anderen dient das Oszilloskop zur Amplituden-, Frequenz-, Zeit- und Phasenmessung.

Die Kenntnis des internen Aufbaus erlaubt dem Messenden, die Leistung des verwendeten Gerätes und die Grenzen seines Einsatzes zu beurteilen.

3.2. Aufbau und Wirkungsweise

3.2.1. Prinzipieller Aufbau

Den prinzipiellen Aufbau zeigt Bild 3.1. Einige Details werden am Einstrahloszilloskop EO 174A erläutert. Dieses Gerät ist volltransistorisiert, netzunabhängig und universell einsetzbar. Die zitierten Bauelementebezeichnungen sind dem zugehörigen Stromlaufplan entnommen.

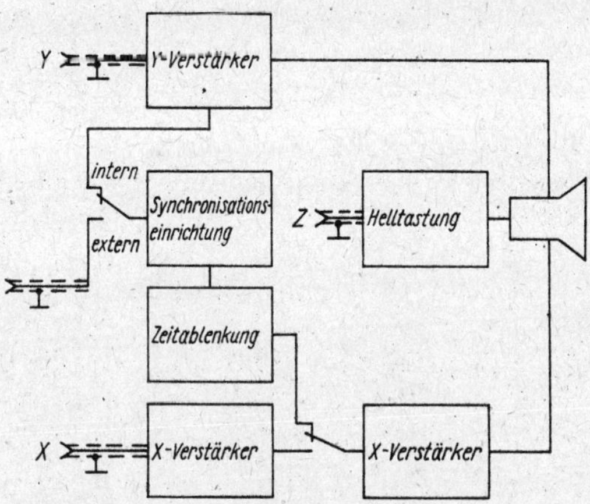

Bild 3.1. Baustufen eines Oszilloskops

3.2.2. Elektronenstrahlröhre

Der Aufbau der Elektronenstrahlröhre (auch Kathodenstrahlröhre oder Braunsche Röhre genannt) ist im Bild 3.2 schematisch dargestellt.

Die *Katode K* trägt stirnseitig eine Emissionsschicht; indirekt geheizt durch den *Faden H*, gibt sie Elektronen ab (vgl. Wirkung einer Elektronenröhre). Die Kathode ist von einer zylinderförmigen *Elektrode G* umgeben. Diese hat ver-

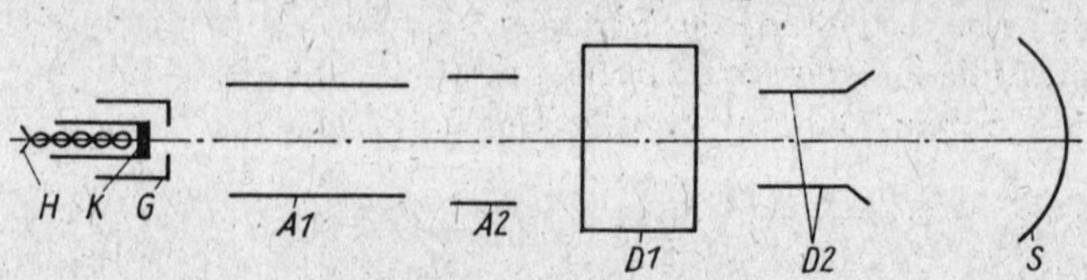

Bild 3.2. Aufbau einer Elektronenstrahlröhre

gleichsweise die Funktion des Steuergitters einer Elektronenröhre. Das Gitter, auch *Wehneltzylinder* genannt, ist negativ gegen die Katode vorgespannt. Die Größe der Vorspannung, wie im Bild 3.3 dargestellt, bestimmt die Intensität des Strahlstroms.

Nach Passieren des Wehneltzylinders gelangt der Elektronenstrahl zur *Hilfsanode A1* und zur *Anode A2*. Beide sind gegenüber der Katode positiv vorgespannt. Sie bewirken die Beschleunigung der Elektronen zum Schirm hin. Beide

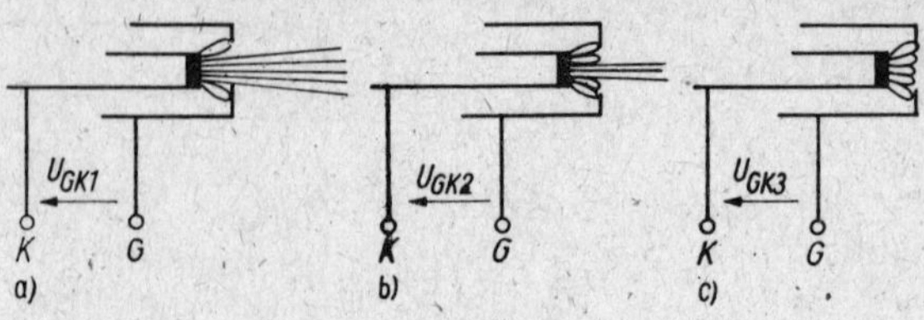

a) voller Strahlstrom, Austritt diffus
b) kleinerer Strahlstrom, Austritt gebündelt
c) Strahlstrom unterdrückt

Bild 3.3. Einstellung des Strahlstroms mit Hilfe der Spannung zwischen Wehneltzylinder und Katode ($U_{GK1} > U_{GK2} > U_{GK3}$)

Elektroden erfüllen noch eine andere Aufgabe. An unterschiedlichen Spannungen liegend, entsteht zwischen ihnen das im Bild 3.4 angedeutete elektrische Feld. Gelangt ein Elektron in dieses Feld, so erfährt es eine Kraft, deren Größe von der Größe des Spannungsgefälles (Dichte der Äquipotentiallinien) und deren Richtung von der Richtung der Feldstärke abhängt. Im Bild 3.4 ist die Beschleunigungsrichtung, die durch die Kraft ausgelöst wird, durch Pfeile ange-

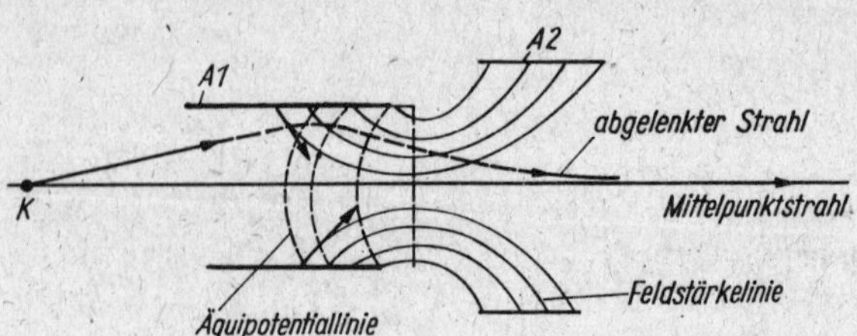

Bild 3.4. Feldstärkeverlauf zwischen den Elektrodenpaaren A1 und A2 einer Elektrodenstrahlröhre

deutet. Im Elektrodenpaar *A*1 und *A*2 erfolgt somit eine Fokussierung des Strahles. Man spricht von einer *Elektronenoptik*, in Anlehnung an die Glasoptik für das sichtbare Licht. Die Größe der Fokussierung beeinflußt die Punktschärfe und mittelbar auch die Helligkeit. Eine gute Punktschärfe ist für eine gute Bildauflösung auf dem Schirm wichtig.

Ein weiteres Elektrodenpaar wird durch $D1$ und $D2$ gebildet. Sie sind orthogonal (senkrecht), um 90° versetzt, zueinander angeordnet und bestehen aus je einem Plattenpaar. Die Achse des Plattenpaars $D1$ ist die y-Achse. Innerhalb des Plattenpaars erfolgt eine Ablenkung des Strahles nach positiven oder negativen Werten von y in Abhängigkeit von Größe und Polarität der angelegten Plattenspannung. Bild 3.5 zeigt die prinzipielle Beschaltung der Platten. Die

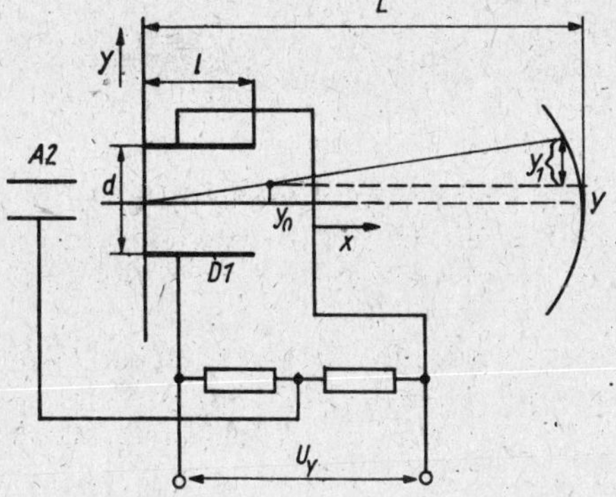

Bild 3.5. Aufschaltung der Meßspannung auf die Ablenkplatten

Zeichenebene ist hier im Gegensatz zu Bild 3.2 um 90° gedreht. Die Ablenkung erfolgt nach den Gesetzen der Elektrostatik und Kinematik.

Die Auslenkung des Strahles kann berechnet werden, sie beträgt

$$y = \frac{1}{4} \frac{U_y}{U_{A2} d} (2L - l) l. \qquad (3.1)$$

Gl. (3.1) besagt, daß die Auslenkung mit steigender Spannung U_{A2} abnimmt. Das ist nachteilig, zumal im Interesse einer guten Punkthelligkeit und Schärfe U_{A2} groß sein soll. Durch Erhöhung der Ablenkspannung U_y in einem Vertikalverstärker (s. Abschn. 3.2.3.) kann die Strahlenauslenkung vergrößert werden.

Die anderen in Gl. (3.1) enthaltenen Größen beinhalten die Röhrengeometrie. Sie können schaltungstechnisch nicht variiert werden.

Eine typische Kennziffer, die in Werkinformationen über gefertigte Oszilloskope veröffentlicht wird, ist der Ablenkfaktor

$$AF = \frac{U_y}{y}. \qquad (3.2)$$

Ein typischer Wert für AF ist 10 m V/cm.

Verschiedentlich wird auch der Kehrwert von AF, die Ablenkempfindlichkeit, angegeben. Außerdem wird noch y_{max}, der nutzbare Schirmdurchmesser, genannt. Die Ablenkung in x-Richtung wird durch das Plattenpaar $D2$ vorgenommen. Gl. (3.1) gilt nur dann, wenn die Laufzeit der Elektronen zwischen den Platten klein gegen die Periodendauer der Ablenkspannung ist.
Bis $f = 100$ MHz sind die Ablenkfehler $< 1\%$.

Durch die Möglichkeit, eine Strahlablenkung in y-Richtung und in x-Richtung vorzunehmen, kann auf dem Schirm der Elektronenstrahlröhre eine Funktion

$$y = f(x) \qquad (3.3)$$

dargestellt werden.

Es ist üblich, an die $D1$-Platten (y-Platten) eine der Meßgröße analoge Spannung anzulegen. An die $D2$-Platten (x-Platten) gelangt, von speziellen Fällen (vgl. Abschn. 5.3.4.) abgesehen, eine zeitlinear ansteigende Spannung. Die dargestellte Funktion auf dem Schirm lautet dann

$$y = f(t). \tag{3.4}$$

Aus ihren Funktionen abgeleitet, werden die y-Platten auch als Meßplatten, die x-Platten als Zeitplatten bezeichnet.

Der *Leuchtschirm* wird von den beschleunigten Elektronen getroffen. Die kinetische Energie wird teilweise in Lichtenergie umgewandelt. Der Schirm ist innen mit einer Schicht versehen, in der die erwähnte Umwandlung vorgenommen wird. Das Material bestimmt die Farbe. Gelbgrün als Farbe wird vorwiegend gewählt, weil sie im Bereich der größten spektralen Empfindlichkeit des Auges liegt und so für visuelle Beobachtung am besten geeignet ist. Sollen vorwiegend kurzzeitige, schnelle Vorgänge beobachtet werden, ist ein Schirm mit langer Nachleuchtdauer zweckmäßig, daraus resultiert die Schirmfarbe Blau.

In den Angaben über technische Werte steht in der Bedienungsanleitung z. B.

Nachleuchtdauer: mittelkurz (lang)
Schirmfarbe: Gelblichgrün (Blau).

Man beachte bei Bedienung des Gerätes, daß bei großer Punkthelligkeit die Gefahr des Einbrennens besteht.

Besonders groß ist die Gefahr bei langsamen Vorgängen bzw. beim Fehlen der Ablenkspannungen. Das Einstellorgan „Helligkeit“ sollte daher vor und nach der Messung nur zur Hälfte aufgeregelt sein (s. Abschn. 3.4.2.).

Ergänzend sei erwähnt, daß hier nur der prinzipielle Aufbau der Elektronenstrahlröhre erläutert worden ist. Feinheiten, die zur Strahlkorrektur u. dgl. dienen, werden nicht erläutert und sind gegebenenfalls in spezieller Fachliteratur nachzulesen.

Neben der beschriebenen Einstrahlröhre gibt es noch *Mehrstrahlsysteme*. Diese enthalten mehrere der beschriebenen Strahlsysteme. Werden solche Röhren in einem Oszilloskop verwendet, so erhält man ein *Zweistrahl- oder Mehrstrahloszilloskop*.

Die Ablenkung in der Elektronenstrahlröhre geschieht elektrostatisch. Denkbar wäre auch eine magnetische Auslenkung des Strahles, wie sie bei Fernsehbildröhren oder bei Großsichtgeräten angewendet wird. Das erforderliche Spulenablenksystem läßt sich aber nur für niedrige Frequenzen ökonomisch bzw. überhaupt aufbauen. Das Anwendungsgebiet müßte auf den NF-Bereich beschränkt bleiben.

3.2.3. Vertikalverstärker

Da der Ablenkfaktor moderner Elektronenstrahlröhren 30···40 mV/cm beträgt, die Meßspannung aber meist unter geeigneten Werten liegt, muß die Meßspannung, bevor sie an die y-Platten gelegt wird, verstärkt werden. Diese Aufgabe übernimmt der *Vertikalverstärker* (auch *y-Verstärker* genannt).

Die Meßgröße gelangt über den an der Frontplatte des Gerätes vorhandenen y-Eingang auf den Verstärker. Vom Verstärkerausgang wird die Meßspannung

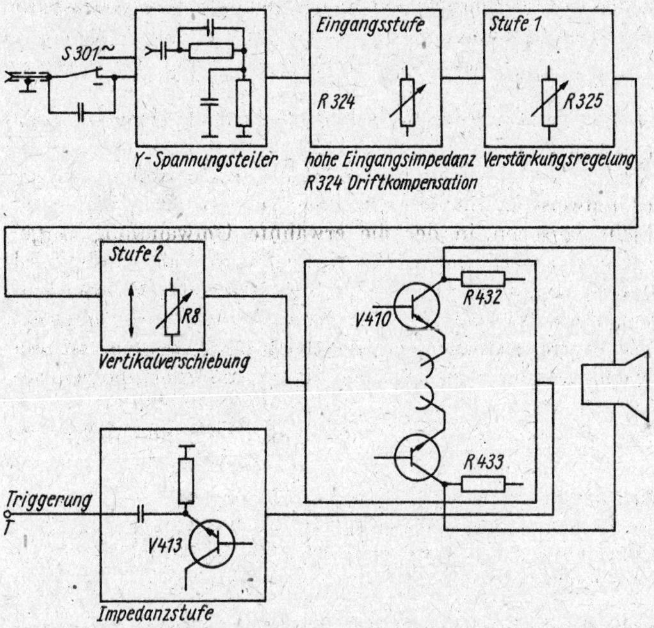

Bild 3.6. Prinzipschaltung des Vertikalverstärkers

auf die Meßplatten geschaltet. Bild 3.6 zeigt die beschriebenen Verhältnisse. An den y-Verstärker werden zwei wesentliche Forderungen gestellt:

- Er muß über einen festgelegten Frequenzbereich eine konstante Verstärkung aufweisen. Das Eingangssignal muß ohne Frequenz- oder Phasenfehler die y-Platten erreichen.
- Die Störspannungssicherheit muß so groß sein, daß auch die kleinste vorgesehene Meßspannung sicher erfaßt werden kann.

Oszilloskope können mit einem Übertragungsbereich bis etwa 100 MHz gebaut werden. Für höhere Frequenzen kommen Samplingoszilloskope, die nach dem Prinzip der Abtastung arbeiten, zum Einsatz.

Eine Auswahl von Daten ist nachfolgend zusammengestellt:

y-Verstärker	Gleichspannungs- oder Wechselspannungsverstärker (umschaltbar), transistorisiert	
Ablenkfaktor	10 mV/cm	
Frequenzbereich	0 Hz···10 MHz (—3 dB)	Stellung = (direkt)
	0 Hz···12 MHz (—6 dB)	
	2 Hz···10 MHz (—3 dB)	Stellung ~ (über C)
	1 Hz···12 MHz (—6 dB)	

Anstiegszeit	35 ns
Überschwingen	4%
Dachschräge (bei 50 Hz Rechteck)	0% in Stellung = 8% in Stellung ~
y-Teiler (acht Stufen)	0,01; 0,03; 0,1; 0,3; 1; 3; 10; 30 V/cm
Toleranz	±5% (gemessen bei 1 kHz)
Stetige Einstellung	etwa 1 : 3,3
Eingangsimpedanz	1 MΩ ‖ 50 pF.

Je größer der Übertragungsbereich ist, um so schwieriger sind diese Forderungen zu erfüllen.
Der für den genannten Typ angegebene Meßbereich bis 10 MHz sichert diesem Gerät bereits ein breites Anwendungsfeld.

Ein Verstärkungsabfall bei tiefen Frequenzen wird, wie bekannt, durch Koppelkondensatoren hervorgerufen. Bei Gleichspannungseingang ist dieser Abfall nicht vorhanden. Bei hohen Frequenzen wirken Parallelkapazitäten. Sehr einfach lassen sich diese Eigenschaften an einer Rechteckschwingung beobachten. Im Bild 3.7 sind die Verhältnisse dargestellt. Liegt die untere Grenzfrequenz zu

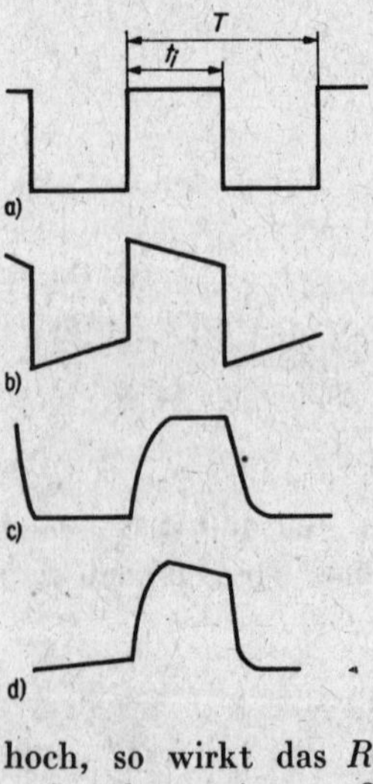

Bild 3.7. Verformung eines Rechteckimpulses im Vertikalverstärker

a) idealer Rechteckimpuls
b) untere Grenzfrequenz zu hoch
c) obere Grenzfrequenz zu niedrig
d) Kombination von b) und c)

hoch, so wirkt das *RC*-Glied am Eingang differenzierend. Die Folge ist ein mehr oder weniger großer Dachabfall. Ist dagegen in bezug auf die Meßfrequenz die obere Grenzfrequenz zu niedrig, wird die Meßspannung integriert. Ein Parallelkondensator in Verbindung mit dem Arbeitswiderstand eines Verstärkers wirkt als Tiefpaß. Es kommt zu dem dargestellten Verschleifen der Flanken. Bei Auswertung eines Oszillogramms läßt sich leicht eine qualitative Beurteilung des Vertikalverstärkers vornehmen. Speziell zum Verhalten eines Verstärkers bei tiefen bzw. hohen Frequenzen sei hier auf das Lehrbuch „Grundschaltungen der Elektronik" hingewiesen.

Größenmäßig können die Verhältnisse durch den Dachabfall

$$D = \frac{U}{U_m} \tag{3.4}$$

bei tiefen Frequenzen und durch Anstiegszeit (s. Bild 2.18)

$$t_r \approx \frac{0{,}35}{b}, \tag{3.5}$$

b Bandbreite des Verstärkers;

bei hohen Frequenzen beschrieben werden.

Zur Verbesserung des Frequenzgangs des Verstärkers bei hohen Frequenzen werden die Verstärker mit *LC*-Gliedern ausgerüstet (Bild 3.8). Sie stellen kleine stark gedämpfte Schwingkreise dar, die in der Nähe ihrer Resonanzfrequenz f_0 arbeiten.

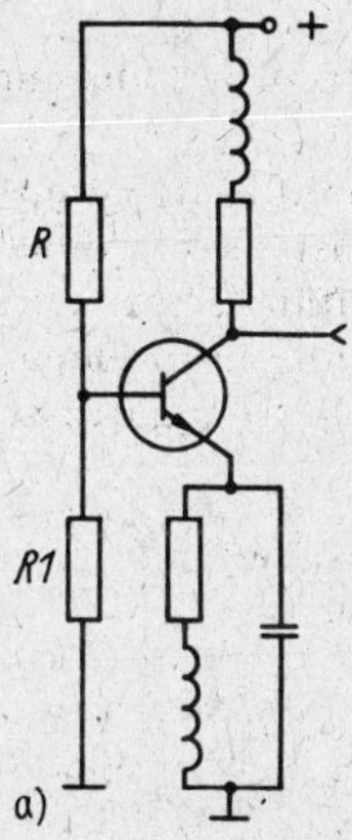

Bild 3.8. Verbesserung des Übertragungsverhaltens bei hohen Frequenzen durch Einfügen von LC-Gliedern

a) Schaltung
b) Vorderflanke der verbesserten Rechteckspannung

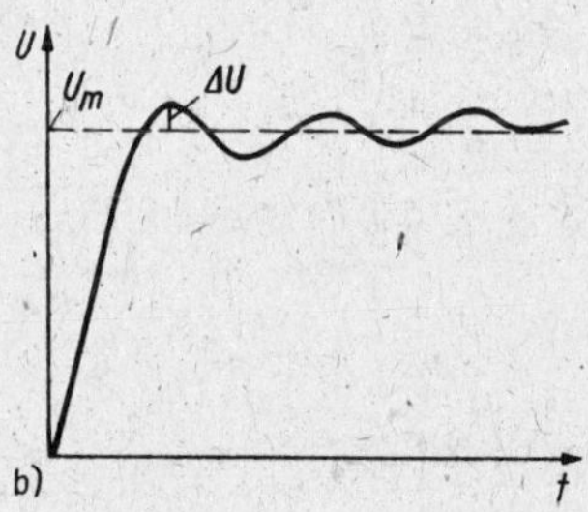

Wird ein Rechteckimpuls oszilloskopiert, erkennt man ein Überschwingen. Die Bemessung der Kreise muß so vorgenommen werden, daß das Überschwingen gering bleibt. Ein Maß für die Größe ist

$$\ddot{U} = \frac{\Delta U}{U_m}. \tag{3.6}$$

Bei Auftreten von Phasenfehlern kann das Oszillogramm stark verfälscht werden. Falsche Schlußfolgerungen durch den Beobachter sind denkbar. Im Bild 3.9a

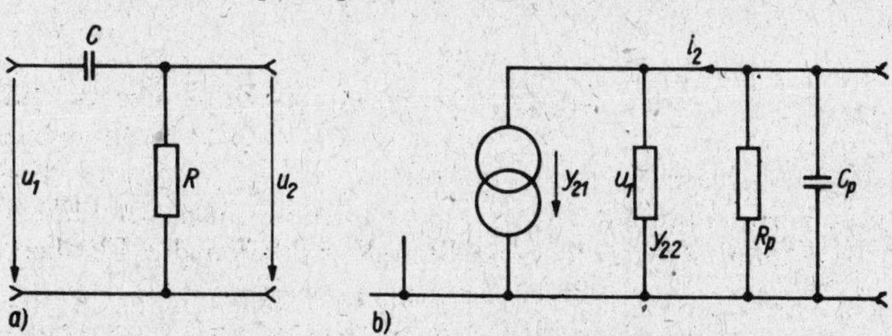

Bild 3.9. Wirksame RC-Glieder am Eingang des Vertikalverstärkers

a) wirksames *RC*-Glied für tiefe Frequenzen (vereinfacht)
b) wirksames *RC*-Glied für hohe Frequenzen (vereinfacht)

ist das bei tiefen Frequenzen wirksame Hochpaßglied des Oszilloskopeingangs dargestellt. Folgende Beziehung läßt sich angeben:

$$u_2 = u_1 \, e^{-\frac{t_i}{RC}}; \tag{3.7}$$

t_i Impulsdauer.

Bezeichnet man mit $p = u_2/u_1$ den Spannungsrückgang, so gewinnt man durch Umstellung

$$\frac{u_2}{u_1} = e^{-\frac{t_i}{RC}}$$

$$\ln p = -\frac{t_i}{RC}$$

$$RC = -\frac{t_i}{\ln p}. \tag{3.8}$$

Es soll nun die Phasendrehung für die Grundwelle berechnet werden, die in der Schwingung von Bild 3.7 enthalten ist. Besonders für diese Frequenz ist die Phasendrehung kritisch. Für die Kreisfrequenz gilt:

$$\omega = \frac{2\pi}{2t_i}, \tag{3.9}$$

$2t_i = T$.

Unter Verwendung von Gl. (3.8) kann Gl. (3.9) in die Form

$$\omega RC = -\frac{\pi}{\ln p} \tag{3.10}$$

gebracht werden.
Für die Phasendrehung folgt

$$\varphi_u = \arctan \frac{1}{\omega RC} = -\arctan \frac{\ln p}{\pi}. \tag{3.11}$$

Für hohe Frequenzen gilt Bild 3.9b. Die Grenzfrequenz der Transistoren des Verstärkers liegt so viel über der oberen Meßfrequenz, daß die Transistorgrößen y_{21} und y_{22} reell sind. In R_p sind alle Parallelwiderstände zusammengefaßt, gleiches gilt auch für C_p. Die Phasendrehung, hier für die Ströme betrachtet, beträgt dann

$$\varphi_i = -\arctan R_p \omega C_p. \tag{3.12}$$

y_{22} bleibt, bedingt durch seine Größe, unberücksichtigt

$$\frac{1}{y_{22}} \gg R_p.$$

Der y-Verstärker ist ein direkt gekoppelter Gleichspannungsverstärker.

Seine Empfindlichkeit wird durch einen Eingangsspannungsteiler in acht Stufen verändert. Die Verwendung einfacher Potentiometer ist nicht möglich. Die Eingangsparallelkapazität würde die Spannungsteilung frequenzabhängig gestalten.

Aus Bild 3.10a läßt sich die Beziehung

$$\frac{u_2}{u_1} = \frac{1}{\sqrt{[\omega CR(1-\mathrm{n})]^2 + \frac{1}{n^2}}} \tag{3.13}$$

herleiten.

Aus Gl. (3.13) ist ersichtlich, daß der Quotient $\frac{u_2}{u_1}$ frequenzabhängig ist.

Bei Verwendung eines *frequenzkompensierten Spannungsteilers* nach Bild 3.10b tritt der beschriebene Nachteil nicht mehr auf. Kompensation liegt vor, wenn die Bedingung $R1\ C1 = R2\ C2$ erfüllt ist.

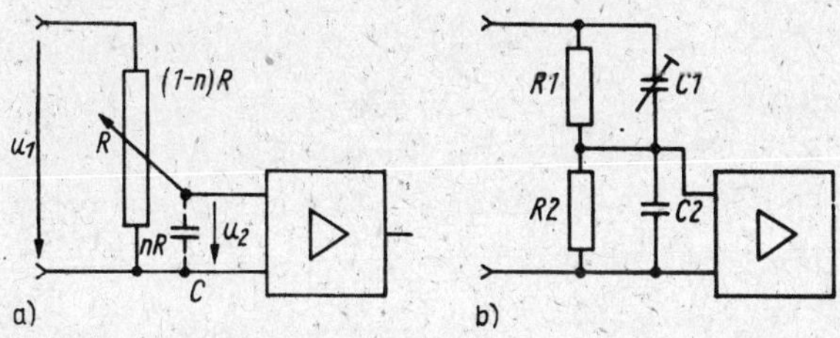

Bild 3.10. Kompensation der Eingangskapazität

a) Wirkung der Eingangskapazität
b) Kompensationsschaltung
C) Eingangskapazität
n Potentiometerstellung

Der *y*-Verstärker ist als symmetrischer gleichspannungsgekoppelter Gegentaktverstärker ausgebildet. Um eine hohe Eingangsimpedanz zu erreichen, werden in der Eingangsstufe MOS-Transistoren verwendet. Dadurch wird die angegebene Eingangsimpedanz von 1 MΩ || 50 pF erreicht. Mit diesem Wert wird ein Meßobjekt belastet. Die Tendenz zur Drift, die Gleichspannungsverstärkern eigen ist, kann durch die *Nullpunktkorrektur* mit dem Regler *R*324 verringert werden. In Stufe *1*, nach Bild 3.6, ermöglicht der Einsteller *R*325 eine stetige Meßamplitudenreglung. Verändert wird die Verstärkung von Stufe *1*, indem der Grad der Gegenkopplung geändert wird. In Stufe *2* kann durch Änderung des Basiswiderstands *R*8 die elektrische Mitte (Bezugspotential) geändert werden. Erreicht wird, daß sich der Strahl (Nullinie) vertikal nach oben oder unten verschieben läßt. Bild 3.11 zeigt die Verhältnisse in stark vereinfachter Weise.

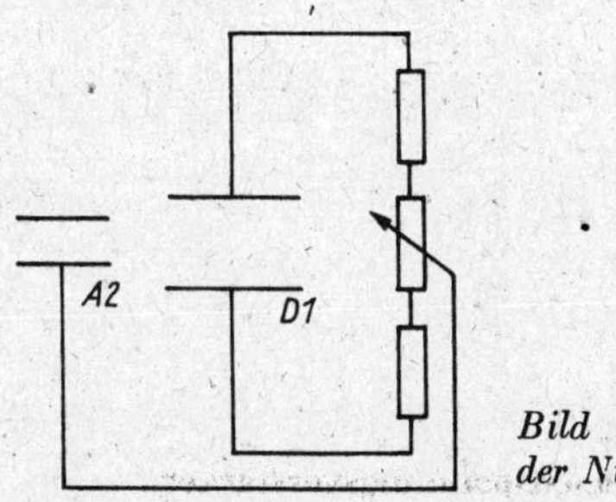

Bild 3.11. Schaltung zur Verschiebung der Nullinie

Über die Endstufe werden die Ablenkplatten symmetrisch angesteuert. Im Bild 3.12 sind einige vereinfachte Schaltungsvarianten angegeben. Wird ein Signal auf den Eingang des *y*-Verstärkers gegeben, so erreicht es die Ablenkplatten erst nach einer gewissen Zeit. Man bezeichnet diese Zeit als *Laufzeit*.

Wie noch später beschrieben wird, braucht die Ablenkstufe eine gewisse Zeitspanne, um zu starten. Bei Triggerbetrieb ist es direkt die Startzeit, bei Synchronisierbetrieb die Zeit, die vergeht, bis Synchronisation hergestellt ist. Da

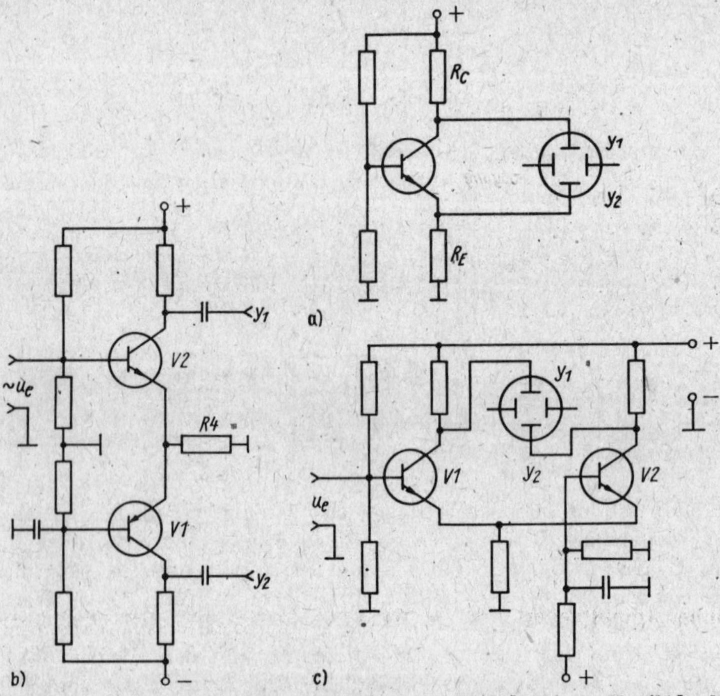

Bild 3.12. Möglichkeiten der Aufschaltung der Meßplatten zur Vertikalendstufe

a) einfachste symmetrische Aufschaltung, geringer Spannungshub
b) Gegentaktaufschaltung durch Steuerung von *V*1 durch den Spannungsabfall an *R*4
c) Gegentaktaufschaltung mit Differenzverstärker

nun die Laufzeit im *y*-Verstärker kleiner als die Startverzögerung ist, wird der Beginn der Signalspannung nicht wiedergegeben. Bei Untersuchungen einer Impulsspannung hinsichtlich ihrer Vorderflanke müssen diese Unterschiede kompensiert werden. Deshalb erhalten *y*-Verstärker bei hochwertigen breitban-

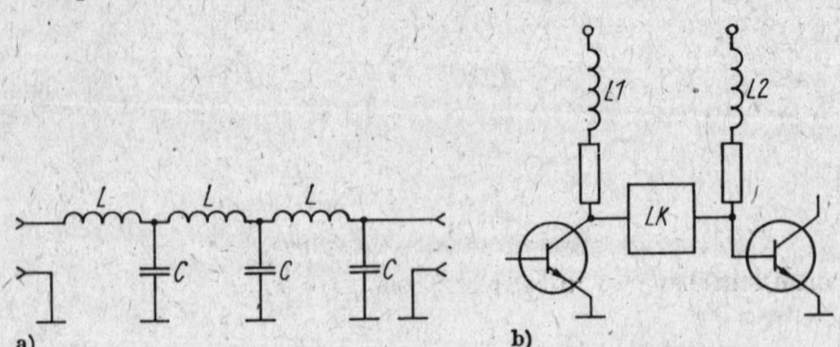

Bild 3.13. Laufzeitkette und ihr Einbau in den Verstärker

a) Prinzip einer Laufzeitkette
b) Laufzeitkette im Verstärker
LK Laufzeitkette

digen Oszilloskopen eine Schaltung zur *Signalverzögerung*. Bei einfachen Servicegeräten fehlt sie allerdings.

Die üblichen Werte der Verzögerung liegen bei 100···300 ns. Um diesen Wert muß die Laufzeit erhöht werden. Es werden *Laufzeitketten* eingesetzt. Eine Laufzeitkette ist eine Kettenschaltung von *LC*-Gliedern. Im Bild 3.13 sind eine Laufzeitkette und ihre prinzipielle Einschaltung in einen Verstärker dargestellt. Charakteristische Größen sind

$$Z = \sqrt{\frac{L}{C}} \qquad \text{Wellenwiderstand} \qquad (3.14)$$

$$T = \sqrt{LC} \qquad \text{Laufzeit.} \qquad (3.15)$$

Beim Einfügen einer Laufzeitkette in den Verstärker muß diese eingangs- und ausgangsseitig zur Vermeidung von Reflexionen mit dem Wellenwiderstand abgeschlossen sein.

Die Kompensation der Ausgangs- bzw. Eingangskapazität der Verstärker wird mit den zusätzlichen Induktivitäten $L1$ und $L2$ vorgenommen.

3.2.4. Horizontalbaustufe

3.2.4.1. Allgemeines

Die Horizontalbaustufe besteht aus zwei Baugruppen:

- Horizontalverstärker
- Horizontalstufe.

Im Bild 3.14 sind diese in ihrem Zusammenwirken dargestellt.

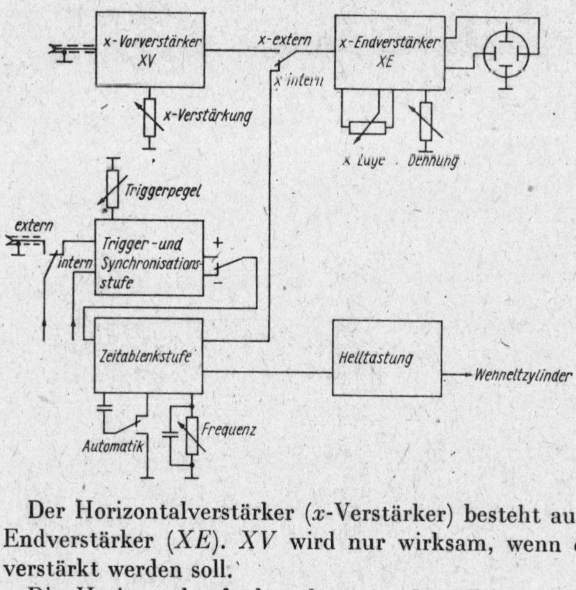

Bild 3.14.
Horizontalbaustufe

Der Horizontalverstärker (x-Verstärker) besteht aus Vorverstärker (XV) und Endverstärker (XE). XV wird nur wirksam, wenn ein externes Ablenksignal verstärkt werden soll.

Die Horizontalstufe besteht aus einer Trigger- und Synchronisationsstufe und der eigentlichen Zeitablenkstufe.

3.2.4.2. Horizontalverstärker

Der Horizontalverstärker hat die Aufgabe, das Signal, das die Strahlauslenkung in waagerechter Richtung bewirkt, auf die erforderliche Amplitude zu verstärken.

Er weist deutliche Ähnlichkeit zum Vertikalverstärker auf. Der Vorverstärker *XV* soll sicherstellen, daß auch hier der Eingangswiderstand $Z \geqq 1\ \text{M}\Omega$ wird. Die Verstärkungsregelung wird ebenfalls in dieser Stufe vorgenommen. Bei vielen Typen wird der Vorverstärker *XV* auch zur Verstärkung externer Triggersignale benutzt. Im Bild 3.14 wird diese Möglichkeit nicht dargestellt. Die notwendige Bandbreite ist von der Bandbreite des Vertikalverstärkers abhängig. Eine Auswertung der Oszillogramme ist nur dann möglich, wenn bei einem periodischen Meßsignal nicht mehr als zwei oder drei Schwingungen abgebildet werden.

Sind für den Vertikalverstärker als obere Frequenzgrenze $f = 10$ MHz angegeben, so sollte sie beim Horizontalverstärker $f \geqq 3$ MHz betragen.

Der Einsatz von integrierten Verstärkern wird künftig dominieren. Auch für höhere Frequenzbereiche werden diese zum Einsatz kommen. Zur Zeit ist die obere Grenzfrequenz solcher Verstärker für einen Breitbandverstärker noch zu niedrig. Die Verstärker sind deshalb noch als diskrete Schaltungen aufgebaut.

Beispiel

Verwendet man den integrierten Baustein µA 712, so beträgt die Spannungsanstiegsgeschwindigkeit bei günstigster Kompensationsbeschaltung 50 V/µs.

Anstieg oder Steilheit einer sinusförmigen Spannung errechnet man wie folgt:

$$u = \hat{u} \sin \omega t$$

$$S = \frac{\mathrm{d}u}{\mathrm{d}t} = \omega \hat{u} \cos \omega t; \tag{3.16}$$

S Steilheit

$$S_{\max} = \omega \hat{u} \tag{3.17}$$

bei $\cos \omega t = 1$.

Beträgt die größte verzerrungsfrei zu übertragende Amplitude $\hat{u} = 5$ V, dann folgt für die maximale obere Frequenz

$$\omega_{\max} = \frac{S_{\max}}{\hat{u}} = \frac{50\ \text{V}}{\mu\text{s} \cdot 5\ \text{V}} = 10 \cdot 10^6\ \frac{1}{\text{s}}$$

$$f_{\max} = 1{,}6\ \text{MHz}.$$

Diese Frequenz ist für die geforderte Bandbreite zu niedrig.

Der *Endverstärker* (*EV*) verstärkt je nach Schaltung das vom Vorverstärker gelieferte externe x-Signal oder die von der Zeitablenkstufe abgegebene Ablenkspannung.

Er hat außerdem die Aufgabe, für eine symmetrische Aufschaltung des Signals an die Ablenkplatten zu sorgen. Es besteht die Möglichkeit, durch Symmetrieänderung eine Lageänderung des Strahles auf dem Schirm zu erreichen. Beim EO 174A erfolgt das durch Variation der Basisvorspannung von *V*616 mit *R*7.

Von der Möglichkeit der Dehnung wird hier nicht Gebrauch gemacht. Im Prinzip wird zur Dehnung der Verstärkungsfaktor der Endstufe verändert. Durch Verstärkungserhöhung entsteht eine Begrenzung der Ablenkspannung. Die ausgenutzte Spannung steigt steiler an (Bild 3.15).

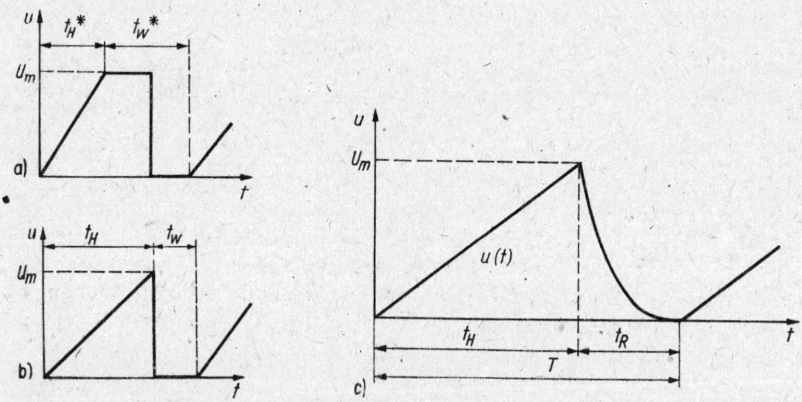

Bild 3.15. Begrenzung der Zeitablenkspannung

a) Zeitablenkspannung mit Zeitdehnung
b) Zeitablenkspannung ohne Zeitdehnung
t_H Hinlauf; t_W Wartezeit; t_R Rücklauf; t_H^* verkürzte Hinlaufzeitdehnung; t_W^* erhöhte Wartezeit;
c) realer Verlauf der Zeitablenkspannung

3.2.4.3. Zeitablenkstufe

Bei der Erläuterung des Horizontalverstärkers ist seine Anwendung als x-Verstärker beschrieben worden. Die Möglichkeit, daß die Horizontalablenkung von einem extern über den Vorverstärker zugeführten Signal vorgenommen wird, ist nicht der charakteristische Anwendungsabfall. Vielmehr wird in der Zeitablenkstufe eine spezielle Ablenkspannung erzeugt. Sie wird über den Horizontalendverstärker den Ablenkplatten zugeführt. Im Bild 3.15 ist die erzeugte Spannung dargestellt. Sie wird als Sägezahn- oder zeitlineare Spannung bezeichnet.

Zu ihrer Kennzeichnung werden folgende Größen verwendet:

- t_H *Dauer des Hinlaufs*
  (Während dieser Zeit soll $u(t)$ möglichst zeitlinear steigen.)
- t_R *Dauer des Rücklaufs*
  [An die Spannungsform werden meist keine Forderungen gestellt (meist exponentiell).]
- U_m *Amplitude*
- T *Periodendauer*
  $T = t_H + t_R$
- k *mittlere Anstiegsgeschwindigkeit der Spannung*
  $$k = \frac{U_m}{t_H}$$
- β *Nichtlinearität des Hinlaufs*
  $$\beta = \frac{\tan\varphi_A - \tan\varphi_E}{\tan\varphi_A}. \tag{3.18}$$

Man findet statt β auch die Angabe δ. Die Verhältnisse sind aus Bild 3.16 zu ersehen:

$$\delta = \frac{\Delta t_{\max}}{t_H}. \tag{3.19}$$

Eine verbale Definition für die Nichtlinearität wird oft als prozentuale Abweichung des Ablenkkoeffizienten bei 75% der Ablenkung zu der bei 25% formuliert. Für die Nichtlinearität fordert man bei Oszilloskopen $\beta \leqq 0{,}01 \cdots 0{,}03$.

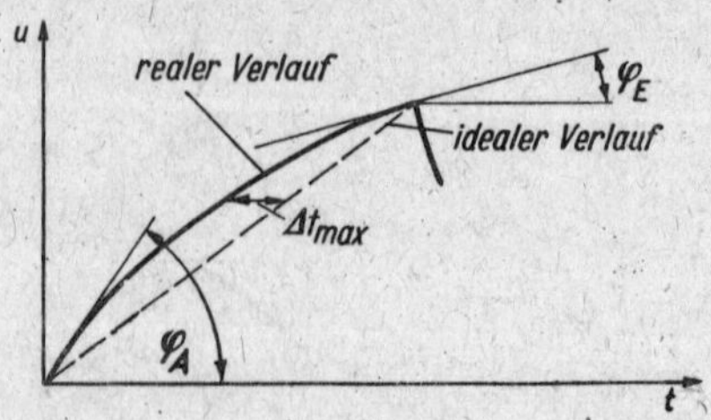

Bild 3.16. Zur Erläutsrung der Nichtlinearität einer Sägezahnspannung

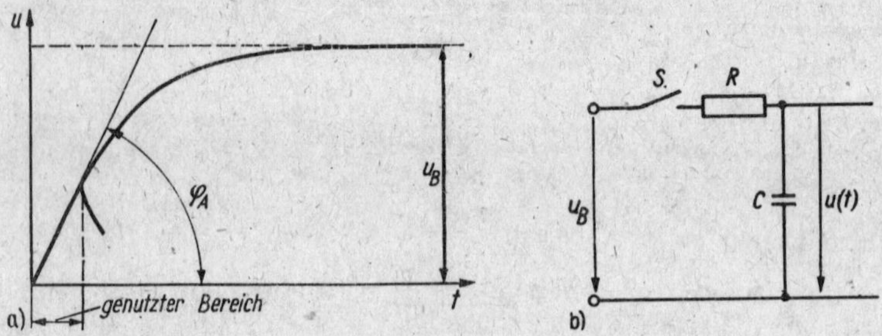

Bild 3.17. Ladevorgang eines Kondensators

a) Spannungsverlauf am Kondensator, b) Ladeschaltung;

Die technische Ausführung der Zeitablenkstufe ist äußerst variabel. Hier werden nur einige Grundschaltungen erklärt. Das Grundprinzip beruht auf der Aufladung eines Kondensators über einem ohmschen Widerstand.

Der zeitliche Verlauf ist durch

$$u(t) = u_B\,(1 - e^{-\frac{t}{\tau}}), \qquad (3.20)$$

$\tau = RC$,

gegeben. Wie aus Bild 3.17 ersichtlich ist, ist die Nichtlinearität sehr groß. Es existieren drei Möglichkeiten, diese zu verbessern:

1. Von der Ladespannung wird nur der untere lineare Teil genutzt.
2. Während der Ladung des Kondensators wird die Ladespannung u_B erhöht. Die Spannung $u_B(t)$ ist dann zeitabhängig. Man spricht vom *Prinzip der mitlaufenden Ladespannung*.
3. Während der Ladung wird $\tau = RC$ geändert. Vorwiegend wird das Prinzip der konstanten Stromeinspeisung durch einen Stromgenerator gewählt.

Alle drei Möglichkeiten werden genutzt.

Die unter 1. genannte Verbesserung der Linearität gewinnt in modernen Schaltungen immer mehr an Bedeutung. Wird u_B sehr groß gewählt, ist der ausgenutzte untere Teil der im Bild 3.17 gezeigten Ladekurve linear. Eine wesentliche Erhöhung von u_B bringt einige schaltungstechnische Probleme und Konsequenzen mit sich. Wird eine Sägezahnamplitude von 250 V bei $\beta \leqq 1\%$ gefordert, müßte $u_B = 25$ kV betragen. Eine elektronische Schaltung, sie wird *Miller-*

integrator genannt, erfüllt diese Forderungen. Im Bild 3.18 sind die Verhältnisse vereinfacht dargestellt. Kern der Schaltung ist ein Verstärker. Er ist in inte-

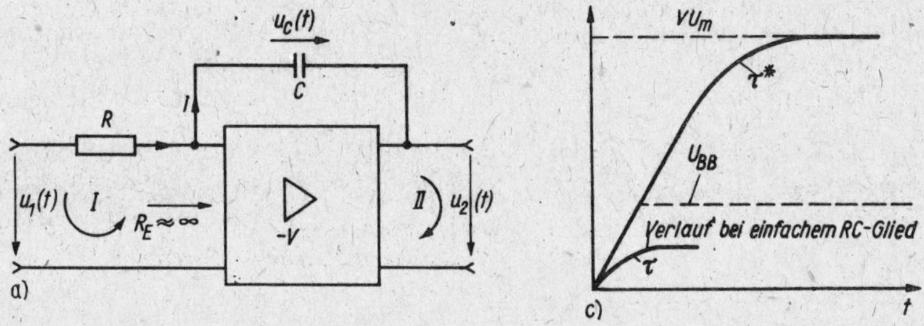

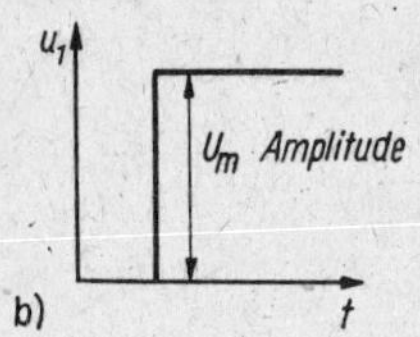

Bild 3.18. Millerintegrator

a) Prinzipschaltung;
b) Eingangsspannungsverlauf;
c) Ausgangsspannungsverlauf,
U_{BB} Versorgungsgleichspannung des Verstärkers

grierter Form als Operationsverstärker in Halbleiterblocktechnik aufgebaut. Einige wesentliche Forderungen an solche Verstärker sind

- Eingangswiderstand $R_E \to \infty$
- Verstärkung sehr groß $v \to \infty$
- keine Drift
- Phasendrehung zwischen Ein- und Ausgang $\varphi_v = 180°$.

Die Wirkung der Kapazität C ist aus der Verstärkertechnik her bekannt. Sie tritt als dynamische Eingangskapazität in Erscheinung.

Die Wirkung der Schaltung läßt sich aus Gl. (3.21) erklären. Ihre Ableitung erfordert Kenntnisse der höheren Mathematik.

$$u_2(t) = U_m v \left(1 - e^{-\frac{t}{vRC}}\right). \tag{3.21}$$

Der Verstärker hat eine ungerade Stufenzahl; die Phasendrehung zwischen Ein- und Ausgang wird durch das negative Vorzeichen $(-v)$ gekennzeichnet, Aus Gl. (3.21) können zwei wesentliche Erkenntnisse gewonnen werden.

1. Durch die Ladung von C erreicht die Ausgangsspannung $u_2(t)$ bei $t \to \infty$ den theoretischen Wert $U_m v$. Da v sehr groß ist, liegt dieser sehr hoch.
2. Die Zeitkonstante lautet
   $\tau^* = v\tau$
   $\tau^* = vRC.$
   Da eine Multiplikation mit v erfolgt, können R und C gegenüber einem einfachen RC-Glied (s. Bild 3.17) kleiner gewählt werden. Die entsprechenden Werte sind im Bild 3.18c mit einem Stern gekennzeichnet.

Gl. (3.21) enthält nicht die Versorgungsgleichspannung des Verstärkers. Erreicht $u_2(t)$ diesen Wert, wird der Ladevorgang abgebrochen.

Da $U_{BB} \ll vU_m$, wird nur der lineare Teil der Spannungsänderung ausgenutzt.

Von der Möglichkeit, das Prinzip der mitlaufenden Ladespannung zu verwenden, wird in der Schaltung im Bild 3.19 Gebrauch gemacht. Sie wird als

Bootstrap-Kippschaltung bezeichnet. Die Schaltung ist vereinfacht dargestellt und enthält nur die wesentlichen, zur Funktion unbedingt notwendigen Bauelemente.

Für $V1$ wird die Vorspannung so gewählt, daß er im Ruhezustand leitend ist (in der Sättigung). Die Diode $V4$ ist geöffnet, da ihr Katodenpotential niedriger als ihr Anodenpotential ist. Das Basispotential von $V2$ entspricht etwa dem

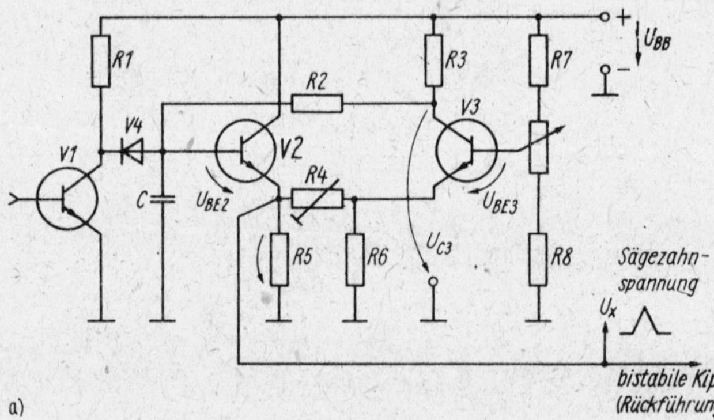

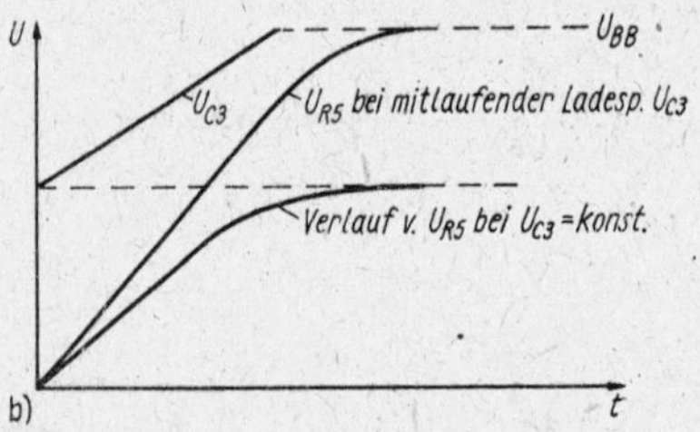

Bild 3.19. Bootstrap-Kippschaltung
a) Prinzipschaltung
b) Spannungsverlauf

Kollektorpotential von $V1$ (Unterschied: Flußspannung von $V4$), $V2$ ist gesperrt. $V3$ ist bei richtiger Wahl von $R7$ und $R8$ leitend. Erscheint an $V1$ ein negativer Impuls, so sperrt dieser; gleiches gilt für $V4$, da am Kollektor etwa $+U_{BB}$ liegt. Nun wird C über $R2$ von u_{C3} geladen. Durch $V2$ fließt ein Basisstrom, der den Transistor öffnet. Die Spannung über $R5$ entspricht etwa der über C, dabei ist U_{BE2} vernachlässigt. Mit zunehmender Ladung steigt U_{R5}. Gleichzeitig wird der Emitter von $V3$ positiver. Die Spannung u_{BE3} wird immer geringer. Der Strom durch $V3$ nimmt ab. So steigt die Spannung am Kollektor von $V3$. Dies ist gerade der Effekt, der gewünscht worden ist. Die Ladespannung U_{C3} steigt. Bei einer bestimmten Höhe von u_{R5} verschwindet der negative Impuls an $V1$. Transitor $V1$ und Diode $V4$ öffnen. Über die kleinen Flußwiderstände von $V4$ und $V1$ entlädt sich C sehr schnell. So ist auch eine kurze Rücklaufzeit gesichert.

Bei der dritten angeführten Möglichkeit erfolgt die Ladung mit einem konstanten Strom. Für die Spannung am Kondensator gilt dann

$$u_C = \frac{i}{C}\,t. \qquad (3.22)$$

Im Bild 3.20 ist die prinzipielle Schaltung dargestellt. $V1$ ist der Stromgenerator. Die Ladung von C erfolgt mit dem Kollektorstrom von $V1$, dabei ist $V3$ gesperrt. Sie wird durch $V2$ ausgelöst. Ist $V2$ gesperrt, so ist der Emitter von $V1$ so weit positiv vorgespannt, daß $V1$ öffnet. Öffnet $V2$, so liegt $R2$ bei durchgesteuertem Transistor praktisch an der Masse. Das Emitterpotential von $V1$ sinkt so weit ab, daß der Transistor sperrt. Die Steuerung von $V2$ erfolgt durch einen Triggerimpuls. Dieser übernimmt auch die Steuerung von $V3$, über dem die

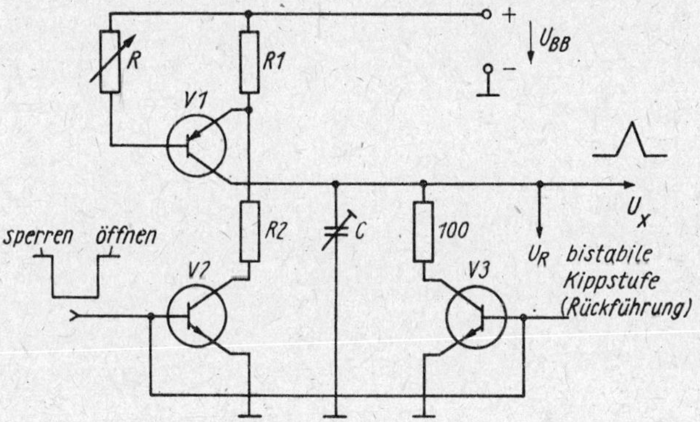

Bild 3.20. Kondensatorladung mit einem Stromgenerator

Entladung von C erfolgt. Der Entladevorgang wird ausgelöst, wenn die Sägezahnamplitude einen bestimmten Wert erreicht hat. Dies geschieht über $V3$ sehr schnell. Über die Rückführung wird eine bistabile Kippstufe gestellt. Die Anstiegsgeschwindigkeit von

$$u_C = \frac{i}{C} t \tag{3.23}$$

beträgt

$$\frac{u_C}{t} = \frac{i}{C}. \tag{3.24}$$

Durch Variation von R kann i geändert werden. C ist umschaltbar ausgeführt.

3.2.4.4. Triggerung und Synchronisation

Die Möglichkeit der Triggerung bzw. Synchronisation gestattet erst eine der Meßaufgabe optimale Arbeit mit dem Oszilloskop. Triggerung und Synchronisation sind deshalb auch von besonderer Bedeutung für die richtige Einstellung des Gerätes.

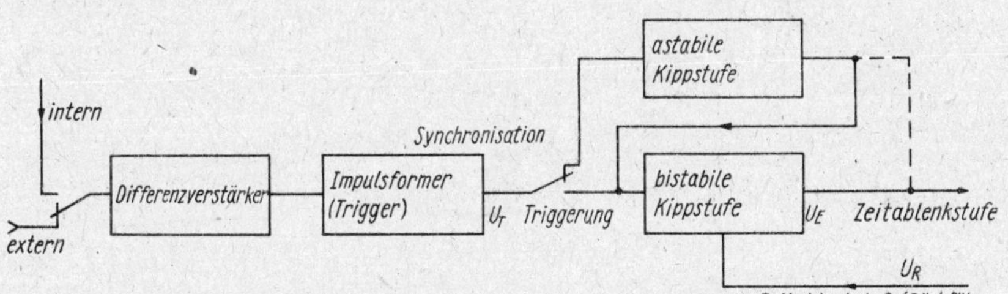

Bild 3.21. Trigger- und Synchronisierstufe

Im Bild 3.14 ist die Trigger- und Synchronisierstufe als Block dargestellt worden. Bild 3.21 zeigt den prinzipiellen Aufbau detailliert. Für den Triggerbetrieb wird fast ausschließlich das dargestellte Prinzip verwendet. Lediglich in der Reihenfolge Differenzverstärker – Trigger gibt es Abweichungen. Bei Synchronisierbetrieb schwingt die astabile Kippstufe mit der Eigenfrequenz frei. Im Bild 3.21 sind dafür zwei Möglichkeiten angegeben. Im Bild 3.14 ist die Zeitablenkstufe in die astabile Betriebsart umschaltbar. Synchronisation kann nur in einer selbstschwingenden astabilen Stufe vorgenommen werden.

Aufgabe der Synchronisation ist, die astabile Kippstufe durch eine Synchronisationsspannung in ihrer Eigenfrequenz zu ändern.
Synchronisation liegt dann vor, wenn Synchronisierfrequenz und Frequenz der astabilen Kippstufe ein konstantes Verhältnis bilden.

Die Synchronisierspannung wird bei der Betriebsart „intern" von der Meßspannung abgegriffen. Bei der Betriebsart „extern" wird eine gesonderte Synchronisierspannung zugeführt. Liegt Synchronisation vor, erscheint auf dem Schirm der Katodenstrahlröhre ein ruhiges, stehendes Bild.

Im allgemeinen sind in der Periodendauer T der synchronisierten Spannung n Perioden der Synchronisierspannung und m vollständige oder unvollständige Perioden der Eigenschwingung der astabilen Kippstufe enthalten.

Bei $m = n = 1$ erfolgt Synchronisation auf die Grundfrequenz; $m = 1$, $n > 1$ bedeutet Synchronisation auf eine Oberwelle.

$$k = \frac{n}{m}. \tag{3.25}$$

Das Verhältnis k wird als Vielfachsynchronisierungs- oder (Frequenz-) Teilungsverhältnis bezeichnet.

Das Prinzip der Synchronisation soll an der Schaltung einer astabilen Kippstufe erläutert werden. Zur Vereinfachung sei angenommen, daß die Spannung an der Synchronisationsstelle sägezahnförmigen Verlauf habe. Die Rücklaufdauer sei vernachlässigbar klein. Die hierbei gefundenen Ergebnisse lassen sich verallgemeinern. Im Bild 3.22 sind die sägezahnförmige Spannung u_a der astabilen Kippstufe und die Synchronisierspannung u_s dargestellt. Als Synchronisierspannung werden schmale Impulse verwendet. Ihre Erzeugung wird bei der Erklärung der Triggerstufe erläutert werden.

Die astabile Kippstufe kippt, wenn U_{BE} (Basis-Emitter-Spannung) den kritischen Wert U_k erreicht. Liegen gleichzeitig u_a und u_s an der Basis, so folgt für die Kippbedingung

$$U_m + U_s = U_k \text{ mit } u_a = U_m \tag{3.26}$$

$$U_m = U_k - U_s. \tag{3.27}$$

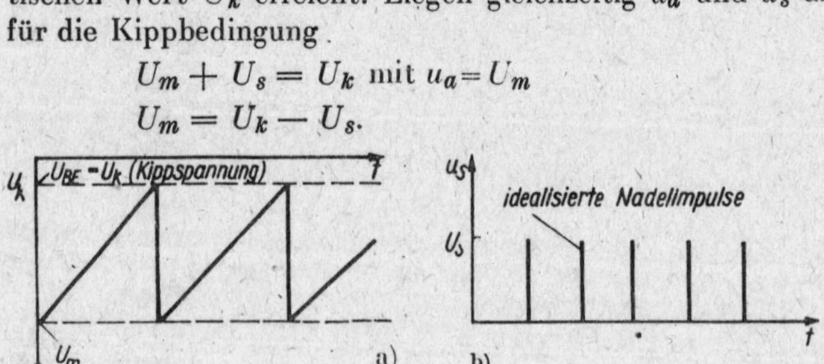

Bild 3.22. Idealisierte Verläufe der Basis-Emitter- und Synchronisierspannung
a) Basis-Emitter-Spannung
b) Synchronisierspannung

Ohne Synchronisierspannung erfolgt das Kippen bei

$$U_m = U_k.$$

Da an der Synchronisationsstelle Basis-Emitter-Spannung und Synchronisationsspannung überlagert (addiert) werden, erfolgt das Kippen bei

$$U_m = U_k^* = U_k - U_s. \tag{3.28}$$

Das Einwirken der Synchronisationsspannung läßt sich als Modulation der kritischen Spannung, die zum Kippen führt, deuten.

Für die weiteren Erläuterungen sollen zweckmäßige Normierungen erfolgen. Als Normierungsgröße wird

$$U_k - U_m \tag{3.29}$$

verwendet.

$$\varepsilon = \frac{U - U_m}{U_k - U_m} \tag{3.30}$$

$$\varepsilon_a = \frac{U_a - U_m}{U_k - U_m} \tag{3.31}$$

$$\varepsilon_k = \frac{U_k - U_m}{U_k - U_m} = 1. \tag{3.32}$$

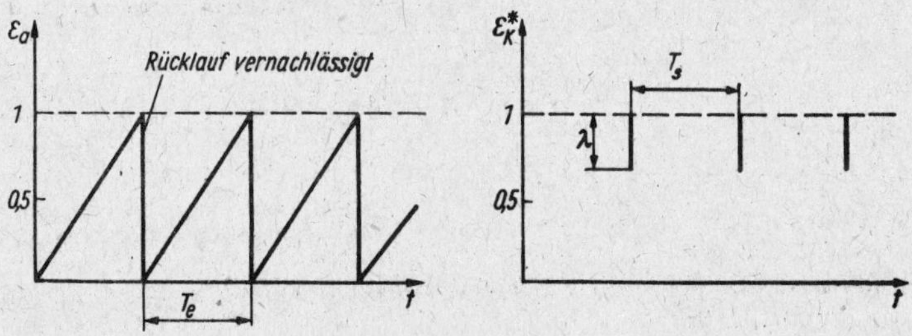

Bild 3.23. Normierte Verläufe der Basis-Emitter- und Synchronisierspannung

Bei $U_s = 0$ ist im Kippzeitpunkt $U_a = U_k$ und damit $\varepsilon_a = \varepsilon_k = 1$. Wird eine Synchronisierspannung u_s angelegt, so tritt das Kippen ein, wenn die linear ansteigende Spannung u_a den Wert $U_k^* = U_k - U_s$ erreicht. Dies ist gleichbedeutend mit dem Schnittpunkt zwischen der normierten Kippspannung

$$\varepsilon_a = \frac{U_a - U_m}{U_k - U_m} \tag{3.33}$$

und der normierten Synchronisierspannung

$$\varepsilon_k^* = \frac{U_k^* - U_m}{U_k - U_m} \tag{3.34}$$

$$\varepsilon_k^* = \frac{U_k - U_s - U_m}{U_k - U_m} \tag{3.35}$$

$$\varepsilon_k^* = 1 - \frac{U_s}{U_k - U_m} = 1 - \lambda. \tag{3.36}$$

Die Phasenlage zwischen den normierten Spannungen ε_a und ε_k^* ist bei Beginn der Synchronisation zufällig. Das Einschwingverhalten bis zum Erreichen einer festen Phasenlage wird nicht erläutert. Die Darstellungen setzen einen eingeschwungenen Zustand voraus.

Im Bild 3.24 sind die Bedingungen für eine Synchronisation dargestellt. Sie

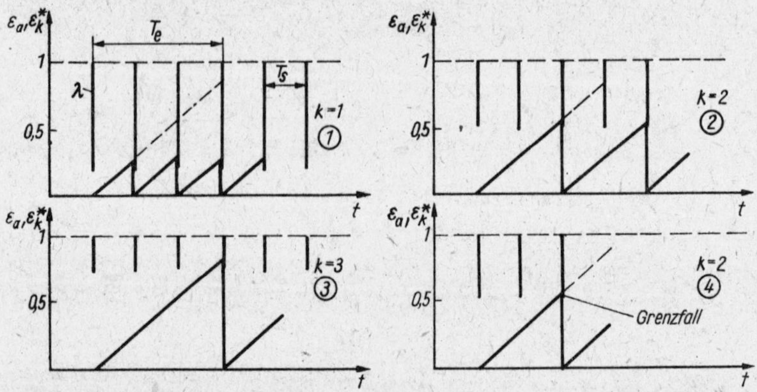

Bild 3.24. Darstellung der Synchronisierstellen

erfolgt grundsätzlich im Schnittpunkt der normierten Spannungen ε_a und ε_k^*. Für den gezeigten Fall gilt:

T_s konstante Periodendauer der Synchronisierspannung
T_e konstante Periodendauer der Eigenschwingung
λ variable normierte Synchronisierspannung
t_s Zeitpunkt der Synchronisation.

$$\lambda = \frac{U_s}{U_k - U_m}. \tag{3.37}$$

Im weiteren soll erläutert werden, unter welchen Bedingungen eine Synchronisation auf verschiedene Oberwellen möglich ist. Nach den bisherigen Erkenntnissen müßte eine Abhängigkeit von T_e, T_s und λ vorhanden sein.

Die Abhängigkeit von T_e und T_s läßt sich durch das Verhältnis

$$r = \frac{T_s}{T_e} = \frac{f_e}{f_s} \tag{3.38}$$

angeben. Im Bild 3.25 sind die Grenzverhältnisse, bei denen eine Synchronisation möglich ist, eingezeichnet.

$$T_{e\,\mathrm{min}} = k T_s. \tag{3.39}$$

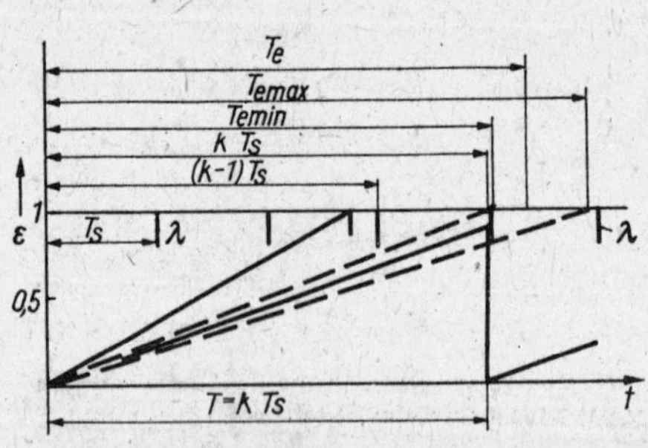

Bild 3.25. Grenzen der Synchronisation auf die k-te Harmonische

Die minimale Eigenperiodendauer darf kT_s betragen; wird sie kleiner, erfolgt eine Synchronisation mit dem $(k-1)$-ten Impuls oder bei noch stärkerer Abweichung gar nicht mehr. Die maximale Periodendauer $T_{e\max}$ folgt aus der Bedingung, daß die Sägezahnspannung den Impuls gerade noch schneiden muß.

Unter Benutzung des Strahlensatzes können folgende Proportionen aufgestellt werden:

$$\frac{T_{e\min}}{1} = \frac{T_{e\min} - (k-1)\,T_s}{\lambda} \tag{3.40}$$

$$\lambda = 1 - (k-1)\,\frac{T_s}{T_{e\min}}$$

$$\lambda = 1 - (k-1)\,r_{\max} \tag{3.41}$$

$$\frac{T_{e\max}}{1} = \frac{T_{e\max} - kT_s}{\lambda}$$

$$\lambda = 1 - kr_{\min}. \tag{3.42}$$

Die Gln. (3.41) und (3.42) verwenden die Beziehung aus Gl. (3.38).

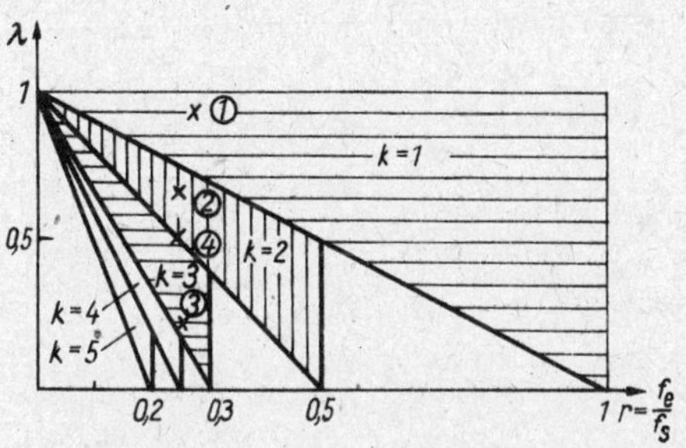

Bild 3.26. Normierte Synchronisationsspannung in Abhängigkeit des Verhältnisses Eigenfrequenz zu Synchronisierfrequenz

Im Bild 3.26 sind die Gln. (3.41) und (3.42) grafisch dargestellt. Sie begrenzen für gleiches k einen Bereich, in dem eine Synchronisation möglich ist. Das Diagramm enthält außerdem die Synchronisationsstellen aus Bild 3.24.

Die Synchronisation erfolgt überwiegend mit Nadelimpulsen. In einem Differenzierglied (Hochpaß) werden die Rechteckimpulse in Nadelimpulse umgeformt (s. „Grundschaltungen der Elektronik"). Wird eine Synchronisation mit Rechteckimpulsen vorgenommen, gelten die gleichen Gesichtspunkte, wenn sie an der Rechteckflanke erfolgt. Bei einem Schnittpunkt der Sägezahnspannung mit dem Impulsdach ist keine exakte Synchronisation möglich. In die mathematischen Betrachtungen müßte die Impulsdauer einbezogen werden. Auf eine Darstellung wird verzichtet.

Bei der Betriebsart „Synchronisation" schwingt eine astabile Kippstufe frei. Der Elektronenstrahl wird auch ohne Anliegen einer Meßspannung horizontal geschrieben.

Eine weitere Betriebsart der Horizontalbaustufe ist der *Triggerbetrieb*. Eine solche Horizontalbaustufe unterscheidet sich von der selbstschwingenden Zeitablenkung durch eine gesteuerte (getriggerte) Auslösung. Bei Erläuterung der Zeitablenkstufe ist erklärt worden, daß die Auslösung durch einen Rechtecksteuerimpuls erfolgt. Der Beginn des Spannungsanstiegs fällt mit der Vorderflanke des Impulses zusammen. Das Rückkippen kann durch die Rückflanke ausgelöst werden, aber auch selbständig erfolgen.

Im ersten Fall ist eine Rückführung von der Zeitablenkstufe zur Auslösestufe (bistabile Kippstufe) vorhanden.

Beim selbständigen Rückkippen wird nur der Beginn des Spannungsanstiegs durch kurze Rechteckimpulse ausgelöst. Nach dem Rückkippen verharrt die Zeitablenkstufe in Wartestellung, bis der neue Auslöseimpuls erscheint. Die schnelle Entladung des Kondensators (Rücklaufdauer) wird dann in der Schaltung selbst gesteuert.

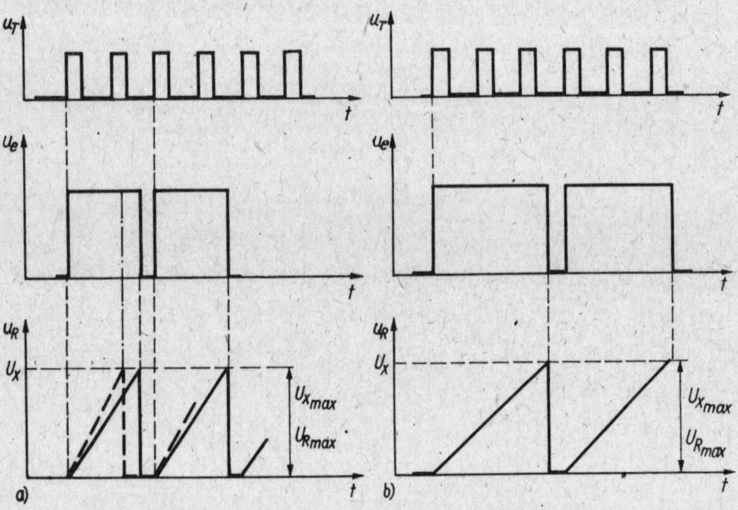

Bild 3.27. Auslösung der Sägezahnspannung bei Triggerbetrieb

a) Triggerung bei jedem 2. Impuls, gleiche Frequenz, unterschiedliche Wartezeit
b) Triggerung bei jedem 3. Impuls, Kippfrequenz geringer als bei a)

Im Bild 3.27 sind die zeitlichen Verläufe dargestellt. Darin bedeuten

u_T Ausgangsspannung des Impulsformers (Triggers)

u_e Ausgangsspannung der bistabilen Kippstufe und Steuerspannung für die Zeitablenkstufe

u_R, u_X Zeitablenk- bzw. Rückführspannung.

Die Vorderflanke von u_e entsteht, wenn diese auch bei u_T erscheint. Die Rückflanke liegt dort, wo $u_R = u_{R\max}$ wird. Die Wirkungsweise einer bistabilen Kippstufe wird in Funke/Liebscher: Grundschaltungen der Elektronik, Lehrbuch für die Berufsbildung. Berlin: VEB Verlag Technik; erläutert. Zur Trigger- und Synchronisierstufe gehören auch noch Differenzverstärker und Impulsformer.

Im Bild 3.28 ist ein Differenzverstärker dargestellt. Durch Einstellen von R kann der Augenblickswert der Meßspannung eingestellt werden, bei dem der folgende Impulsformer ausgelöst wird. Durch Umschalten von S läßt sich außerdem die Polarität ändern.

Als Impulsformer findet fast ausschließlich eine Schaltung, die *Schmitt-Trigger* genannt wird, Verwendung.

Neuere Schaltungen enthalten integrierte Differenzverstärker oder integrierte TTL-Schmitt-Trigger.

Bild 3.29 zeigt einen mit Transistoren aufgebauten Schmitt-Trigger. In ihm sind die Größen eingetragen, die zur Erläuterung der Wirkungsweise erforderlich sind. Die Speisung erfolgt vom Differenzverstärker. In der Schaltung ist ein

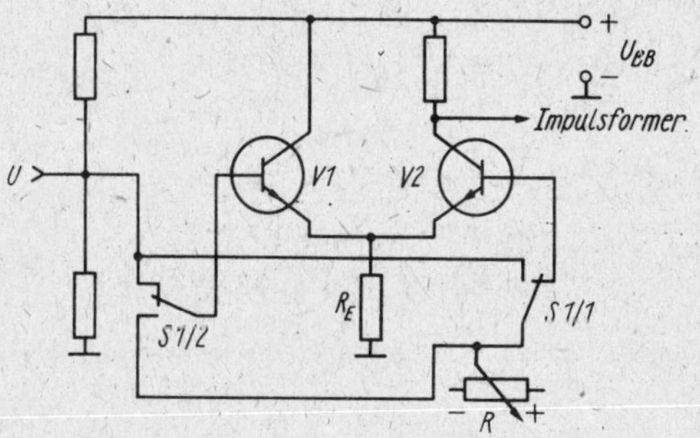

Bild 3.28. Differenzverstärker

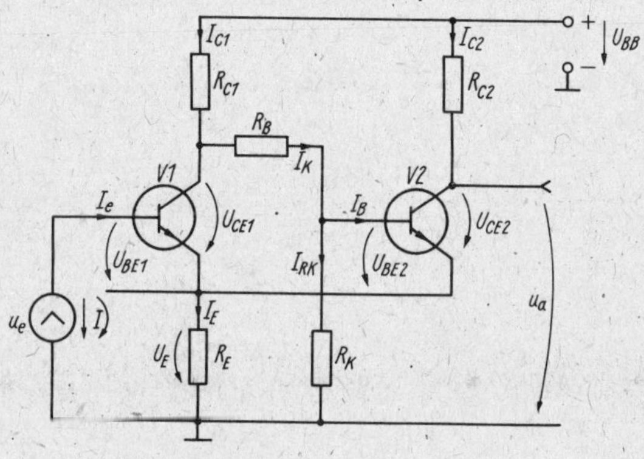

Bild 3.29. Schmitt-Trigger

Generator, der die Dreieckspannung u_e abgibt, enthalten. Die Erläuterung der Wirkungsweise erfolgt anhand der Diagramme in den Bildern 3.30 und 3.31. Der Arbeitspunkt von $V1$ wird durch U_{BE1}, der von $V2$ durch U_{BE2} bzw. durch I_B eingestellt. Aus Masche I folgt die Abhängigkeit der Basis-Emitter-Spannung U_{BE1} von der Eingangsspannung u_e.

$$U_{BE1} = u_e - U_E. \qquad (3.43)$$

Die Höhe des über R_B eingespeisten Basisstroms für $V2$ ist von der Größe des Kollektorpotentials an $V1$ abhängig. Dieses wiederum wird durch die Betriebsspannung und den Kollektorstrom I_{C1} bestimmt. Letzterer ist abhängig von U_{BE1}. Durch die geschilderten Zusammenhänge ist der Arbeitspunkt sowohl für $V1$ als auch für $V2$ von u_e abhängig. Es ergeben sich die nachfolgend aufgezählten charakteristischen Arbeitsbereiche:

Eingangsspannung $u_e = 0$

$V1$ ist gesperrt.
$V2$ ist durch den über R_B eingespeisten Basisstrom übersteuert.
Die Ausgangsspannung u_a ist angenähert $U_E (U_{CE2} = 0)$.

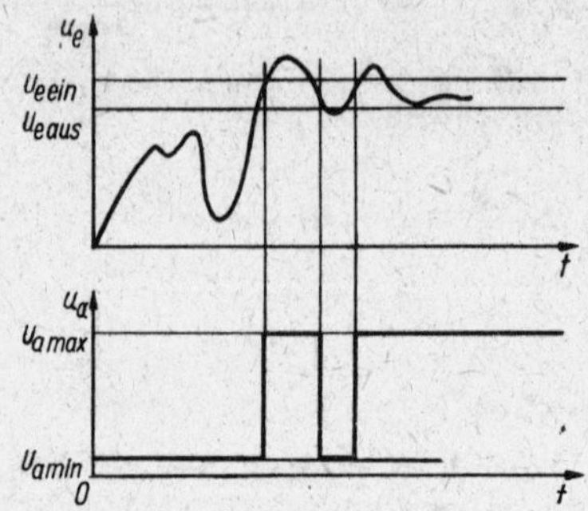

Bild 3.31. Ausgangsspannung des Schmitt-Triggers bei beliebiger Eingangsspannung

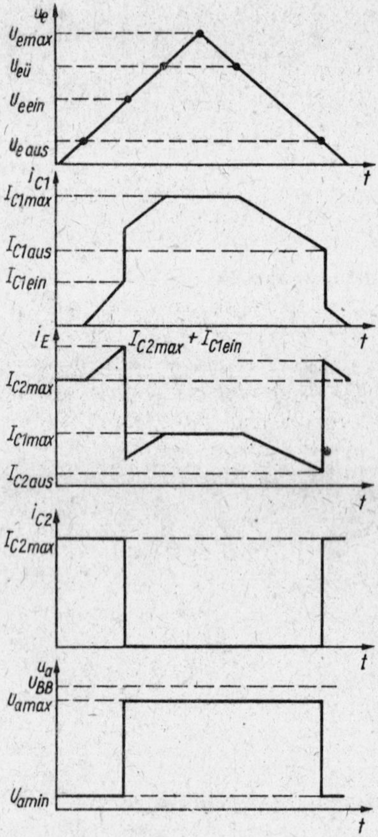

Bild 3.30. Strom- und Spannungsverläufe beim Schmitt-Trigger

Eingangsspannung $u_e > 0$

Ist die Bedingung $U_{BE1} = (u_e - U_E) > U_{BEK}$ erfüllt, wird $V1$ leitend. $V1$ arbeitet im aktiven Kennlinienbereich. Mit steigender Eingangsspannung u_e wächst auch I_{C1}.

Am Kollektor von $V1$ sinkt durch Zunahme von I_{C1} das Potential. Der Basisstrom für $V2$ nimmt ab, reicht aber noch zur Übersteuerung von $V2$.

Eingangsspannung $u_e = U_{e\,ein}$

Das Potential am Kollektor von $V1$ ist so stark abgesunken, daß $V2$ nicht mehr übersteuert wird.

Jede Änderung des Basisstroms verringert nun den Kollektorstrom I_{C2}.

Die Spannung U_E ermittelt sich aus

$$U_E = (I_{C1} + I_{C2})\, R_E. \tag{3.44}$$

Durch die Abnahme von I_{C2} wird U_E ebenfalls kleiner.

Der Bereich, in dem $V1$ und $V2$ im aktiven Kennlinienbereich sind, ist instabil. Jede Verringerung von I_{C2} bewirkt über U_E ein Ansteigen von U_{BE1}. Dadurch tritt eine Vergrößerung des Kollektorstroms I_{C1} ein. Durch die weitere Abnahme des Potentials am Kollektor $V1$ sinkt I_B ständig und bewirkt eine erneute Abnahme des Kollektorstroms von $V2$.

Die Änderung von I_{C2} läuft sehr schnell ab. Der instabile Zustand ist beendet, wenn $I_{C2} = 0$ erreicht ist. Eine weitere Erhöhung von u_e hat keinen Einfluß auf den jetzt gesperrten Transistor $V2$. Beim Rückregeln von u_e erfolgen im Prinzip die gleichen Vorgänge. Der Wert $u_e = U_{e\,aus}$, bei dem wieder $V1$ und $V2$ im aktiven Kennlinienbereich sind, leitet den instabilen Zustand ein. Er liegt nicht auf gleichem Spannungsniveau wie $U_{e\,ein}$. Die Erscheinung bezeichnet man als Schalthysterese.

$U_{e\,ein} = U_{V1}$ und $U_{e\,aus} = U_{V2}$ sind die Triggerpunkte.

Die integrierte Schaltkreistechnik findet auch in Oszilloskopen immer größere Verbreitung, für den Schmitt-Trigger könnte die im Bild 3.32a angegebene Schaltungsvariante verwendet werden. Die integrierten Teilschaltungen sind diskret dargestellt. Man erkennt die Ähnlichkeit mit der Schaltungsvariante nach Bild 3.29. Die Wirkungsweisen beider Schaltungen sind gleich. Im Bild 3.32b ist der Einfluß der Signalquelle auf den Triggerpunkt dargestellt.

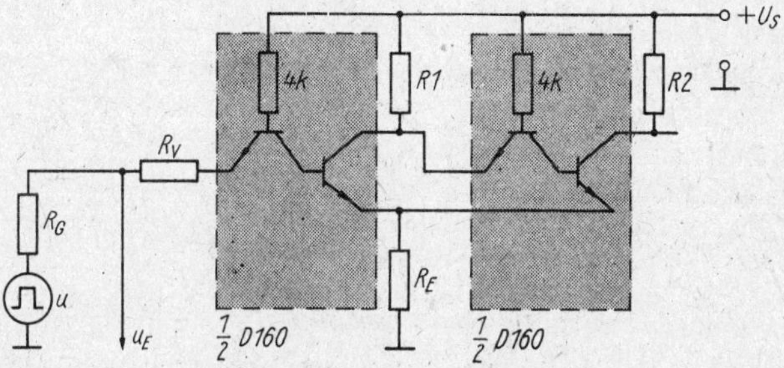

a)

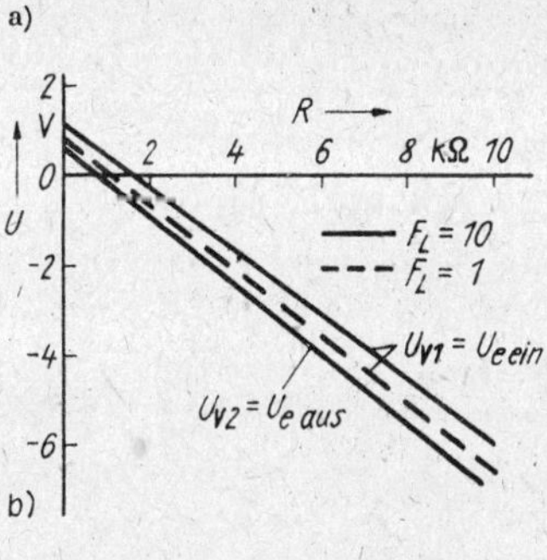

Bild 3.32. Schmitt-Trigger mit TTL-Schaltkreisen

a) Triggerschaltung

b) Einfluß der Signalquelle auf die Triggerspannung
$R = R_G + R_V$
$80\,\Omega \leq R \leq 500\,\Omega$
$R_E \approx 50\,\Omega$

Bild 3.33a zeigt die Schaltung des integrierten Schaltkreises D160 und 3.33b seine Anschlußbelegung.

Mit den Widerständen R_E oder $R1$ können die Schalthysterese und die Triggerpunkte beeinflußt werden.

Der Schmitt-Trigger formt eine beliebig geformte Eingangsspannung immer in eine Rechteckspannung mit steilen Flanken um.

Voraussetzung ist, daß die Schwellwerte $U_{e\,ein}$ und $U_{e\,aus}$ überschritten und dann wieder unterschritten werden.

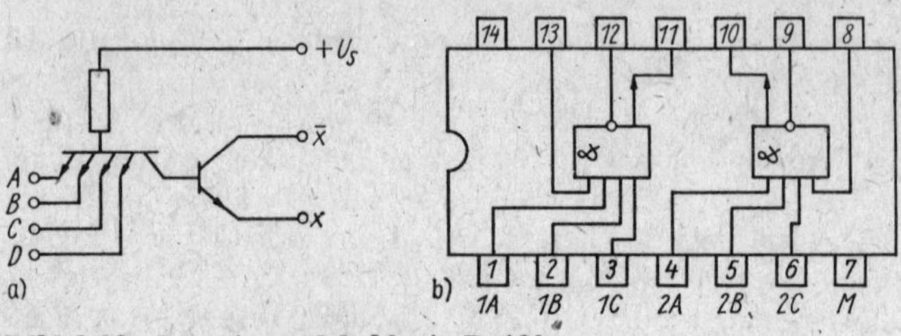

Bild 3.33. Integrierter Schaltkreis D 160

a) Schaltung; b) Anschlußbelegung

Eine getriggerte Zeitablenkstufe erfordert zwar erheblichen Schaltungsaufwand, sie hat dafür aber einige wesentliche Vorteile:

- Eine Triggerung kann periodisch, nichtperiodisch oder einmalig erfolgen.
- Außerordentlich starre Phasen- und Frequenzverhältnisse bestehen zwischen Meß- und Triggerfrequenz (sehr ruhige Bilder).
- Phase zwischen Auslösung und Triggerimpuls kann stark variiert werden; sie kann zeitlich verschoben werden.
- Eine Dehnung der Oszillogramme ist möglich.

3.2.5. Helltastung

Bei der Beschreibung der Zeitablenkstufe ist auf die Forderung nach einem linearen Hinlauf und einer beliebigen Rücklaufform der Sägezahnspannung hingewiesen worden.

Die Helltaststufe ist meist eine monostabile Kippstufe. Wird U_m erreicht, wird die Schaltung ausgelöst. Der abgegebene Impuls steuert den Wehneltzylinder und unterbricht für die Dauer des Rücklaufs den Strahlstrom. Der Rücklauf der Sägezahnspannung kann auch direkt zur Steuerung am Wehneltzylinder benutzt werden. Er muß aber invertiert (umgekehrt) werden.

3.2.6. Helligkeitssteuerung

Von der Elektronenröhre ist bekannt, daß der Katodenstrom mit einer veränderlichen Spannung zwischen Gitter und Katode gesteuert werden kann.

Bei der Katodenstrahlröhre hat der Wehneltzylinder die gleiche Funktion wie das Steuergitter einer Elektronenröhre. Damit ist man in der Lage, den Strahlstrom im Bereich zwischen Null und einem Maximalwert zu regeln. Diese Tatsache nutzt man zur Helligkeitssteuerung (Bild 3.34).

Da der Wehneltzylinder auf hohem negativem Potential gegen Masse liegt, muß $C1$ diesen vom Eingang U_z trennen.

Vielfach enthalten Oszilloskope Phasenschieber; die zeitliche Lage der Impulse von U_z kann so variiert werden. Das gleiche trifft dann für die Dunkelstellen der Meßspannung zu.

Durch die Helligkeitssteuerung wird die Anwendbarkeit des Oszilloskops universeller. Die Abstände der Marken lassen sich leicht in eine zeitliche Folge transformieren. Eine einfache Möglichkeit für Zeit- und Frequenzmessung ist gegeben.

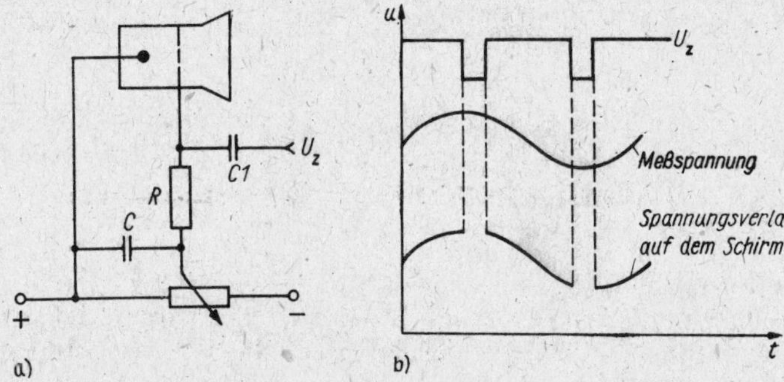

Bild 3.34. Prinzip der Helligkeitssteuerung

a) Prinzipschaltung; b) Spannungsverläufe

3.3. Erweitertes Oszilloskopsystem

3.3.1. Allgemeines

Der Begriff *erweitertes Oszilloskopsystem* kann nicht fest und exakt formuliert werden. Alle modernen Geräte haben einen derartigen Bedienungskomfort, daß sie als erweiterte Systeme anzusehen sind. Hier soll der Begriff nur dann verwendet werden, wenn zusätzliche Systeme den Anwendungsbereich erweitern.

Moderne Oszilloskope sind nach dem Prinzip der Einschubtechnik aufgebaut. Der Anwender kann für sein Anwendungsgebiet das Gerät variieren. Solche Einschübe sind austauschbare Vertikalverstärker unterschiedlicher Bandbreite

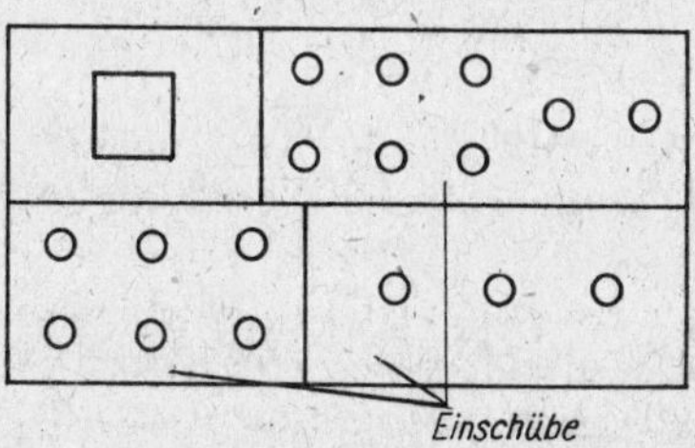

Bild 3.35. Frontansicht eines Oszilloskops in Einschubtechnik

und Empfindlichkeit. Moderne Zeitablenkstufen und ein Markengenerator können das Angebot vervollständigen. Im Bild 3.35 ist die Frontansicht eines derartigen Gerätes dargestellt.

3.3.2. Markengenerator

Die Zeitdauer des Hinlaufs kann in getriggerten Schaltungen sehr genau bestimmt werden. Hierzu werden periodische Spannungen (Impulsspannungen) aus einer Quelle, dem *Markengenerator*, entnommen. Dieser kann fest eingebaut oder als

Einschub vorhanden sein. Da die Frequenz sehr genau bekannt ist, lassen sich bequem Zeitmessungen durchführen.

Die Eichspannung wird durch Hell-Dunkel-Tastung oder durch Überlagerung der Meßspannung eingeblendet. Die Einblendung bezeichnet man als *Zeitmarken.*

3.3.3. Tastkopf

Unterschieden werden zwei Arten:

- Spannungsteilertastkopf
- Impedanzwandlertastkopf.

Im Bild 3.36 ist das Prinzip des *Spannungsteilertastkopfes* angegeben. Der Spannungsteiler ist, wie beim Verstärkereingang, frequenzkompensiert. Durch Variation von C kann das Anschlußkabel eingepaßt werden. Dies geschieht mit

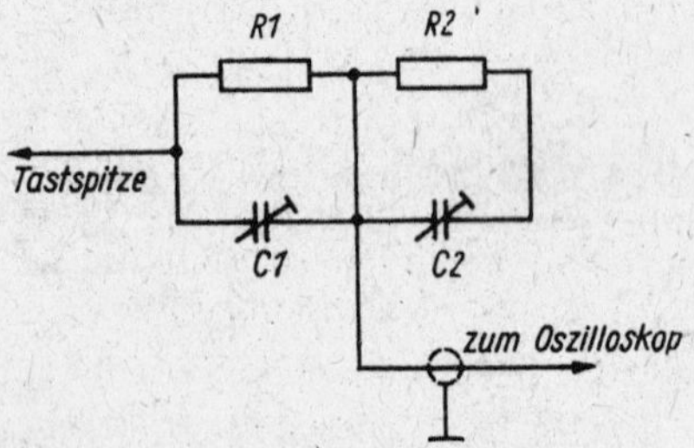

Bild 3.36. Prinzip des Spannungsteilertastkopfes

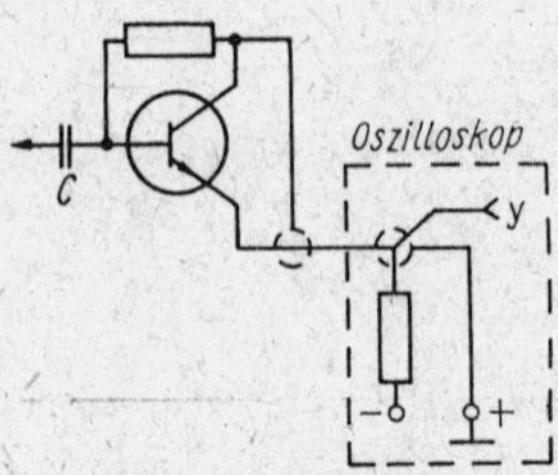

Bild 3.37. Prinzip des Impedanzwandlertastkopfes

einer Rechteckspannung. Erscheint sie unverformt auf dem Schirm, so ist der Abgleich vollzogen. Sehr oft haben solche Tastköpfe bereits ein Anschlußkabel. Ein Abgleich ist dann nicht erforderlich. Ein weiterer Vorteil ist, daß die Eingangskapazität sehr klein gehalten wird und eine kapazitive Belastung des Meßobjekts durch zu lange Anschlußkabel vermieden wird. Zu hohe Meßspannungen können geteilt werden. Interessiert bei Hochfrequenzschaltungen nicht der zeitliche Verlauf der Schwingung, sondern nur das Amplitudenverhalten, so kann die HF-Schwingung demoduliert werden. Man vermeidet auch hier eine kapazitive Belastung des Meßobjekts.

Impedanzwandlertastköpfe haben ebenfalls die Aufgabe, die kapazitive Belastung zu verringern (Bild 3.37).

Die im Tastkopf eingesetzte Emitterfolgerschaltung hat eine hohe Eingangsimpedanz (Widerstand), die bei Verwendung einer Darlingtonschaltung weiter erhöht werden kann. Der Ausgangswiderstand ist klein; die wirksame Kabelparallelkapazität ist nun wirkungslos.

3.3.4. Zweistrahloszilloskop

Zweistrahloszilloskope gestatten die gleichzeitige Darstellung zweier zeitabhängiger Vorgänge. Hinsichtlich der Wirkungsweise unterscheiden sie sich nicht vom Einstrahlgerät. Der Vertikalverstärker ist zweimal vorhanden. Die Horizontalbaustufe ist nur bei hochwertigen Geräten doppelt. Die Triggerspannung läßt sich sowohl von der Meßspannung *1* als auch von der Meßspannung *2* gewinnen. Eine gegenseitige Verschiebung der Oszillogramme in horizontaler und vertikaler Richtung kann erfolgen.

Besondere Bedeutung haben Zweistrahloszilloskope bei der Untersuchung anderer getriggerter oder synchronisierter Schaltungen. In solchen Fällen interessiert oft die Abhängigkeit des Signals von der Auslösespannung.

3.3.5. Elektronischer Umschalter

Das Zweistrahloszilloskop ist aus der Notwendigkeit, zwei Vorgänge gleichzeitig zu schreiben, entwickelt worden. Die gleiche Forderung läßt sich mit einem *Einstrahloszilloskop* und einem *elektronischen Umschalter* erfüllen.

Im Bild 3.38 ist die Prinzipschaltung eines elektronischen Umschalters gezeichnet. Die Diagramme (Bild 3.39) sollen das Verständnis bei der Erläuterung der Wirkungsweise erleichtern.

Über periodisch öffnende Schalter werden die beiden Meßspannungen im Wechsel an den y-Eingang des Vertikalverstärkers gegeben. Die Rolle der Schalter übernehmen zwei Transistorstufen, die durch eine periodische Steuerspannung zyklisch nacheinander im gleichen Takt geöffnet bzw. gesperrt werden.

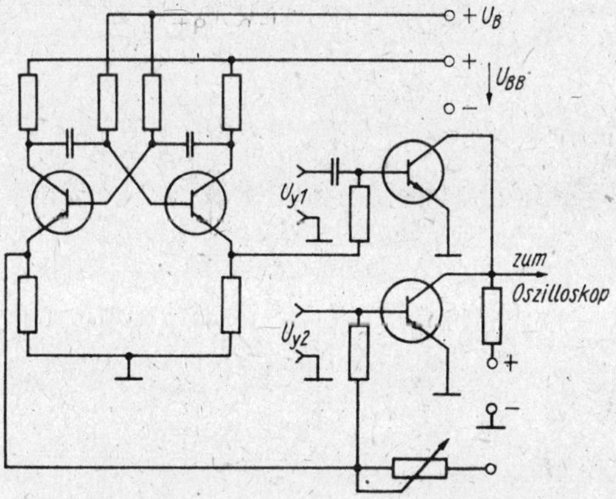

Bild 3.38. Prinzip eines elektronischen Umschalters

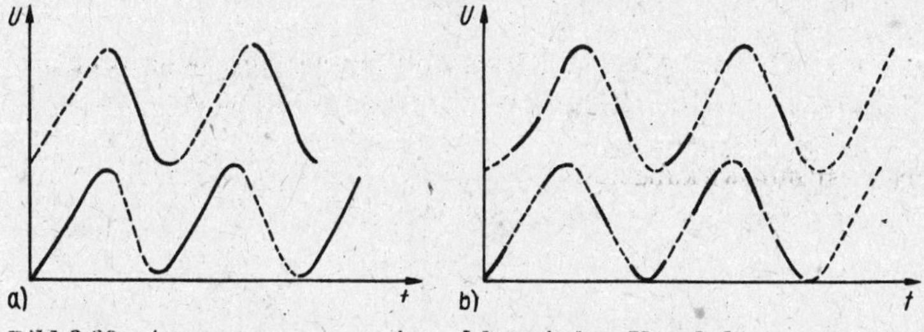

Bild 3.39. Ausgangsspannung eines elektronischen Umschalters

a) Ausgangsspannung bei niedriger Schaltfrequenz
b) Ausgangsspannung bei hoher Schaltfrequenz

Erfolgt der Wechsel schnell genug, wird er von den Augen infolge ihrer Trägheit nicht mehr wahrgenommen.

Genutzt wird die Möglichkeit der Umschaltung nach jeweils einer vollen Schwingung. Der Vorteil ist dabei, daß der Schaltmoment im ausgeblendeten Rücklauf liegt und nicht mehr sichtbar ist. Die Oszillogramme sind sehr stabil.

Ist die Periode der Meßspannung gering, muß die Umschaltfrequenz höher gewählt werden, um das Auge zu täuschen. Die Meßspannungen werden dann in Intervallen geschrieben. Als Steuergenerator wird meist eine astabile Kippstufe verwendet. Da seine Frequenz variabel gemacht werden kann, ist eine Veränderung der Schaltfrequenz bei jedem elektronischen Umschalter möglich. Damit die beiden Meßspannungen nicht übereinandergeschrieben werden, müssen die Verstärkerstufen hinsichtlich ihrer Kollektorgleichspannung unsymmetrisch arbeiten. In der Schaltung Bild 3.38 erfolgt dies durch den Stellwiderstand.

Es gibt Oszilloskope, die bereits als Einschub einen elektronischen Umschalter enthalten; er ist aber auch als getrenntes Gerät lieferbar. Die neueste Entwicklung zeigt eine Abkehr von der Möglichkeit, zwei Oszillogramme gleichzeitig über elektronische Umschalter zu erzeugen. Der Trend geht zum echten Zweistrahlgerät. Vor allem die Erschließung immer höherer Frequenzbereiche für das Oszilloskop bringt erhebliche Probleme für die elektronischen Umschalter.

3.4. Arbeit mit dem Oszilloskop

3.4.1. Allgemeines

Zur Arbeit mit dem Oszilloskop gehört, daß der Messende das Gerät sachgemäß bedienen, einstellen und die entstehenden Leuchtschirmbilder richtig deuten und interpretieren kann. Er muß aber auch in der Lage sein, eine Meßschaltung zur Lösung einer Meßaufgabe aufzubauen und das Oszilloskop richtig anzuschließen.

Die Kenntnis der prinzipiellen Wirkungsweise des Gerätes wird es dem Bediener erleichtern, die maximale Leistungsfähigkeit des Gerätes auszuschöpfen. Er muß den Einfluß des Gerätes auf das Meßobjekt beurteilen können. Dazu werden zwei Meßbeispiele angegeben.

3.4.2. Deuten von Leuchtschirmbildern

Ein fehlerfreies Deuten der Leuchtschirmbilder erfordert große Erfahrung. Im folgenden werden einige Gesichtspunkte genannt, die bei der Inbetriebnahme beachtet werden sollten. Das *Einschalten* des Gerätes erfordert keine besonderen Maßnahmen. Der Helligkeitsregler sollte auf *mittlere* bis *minimale Helligkeit* gestellt, die Schärfe auf den *maximalen Wert* reguliert werden.

Ohne Ablenkspannung kann zunächst der Leuchtpunkt untersucht werden. Bei Erdung aller Ablenkplatten muß der Leuchtfleck exakt kreisförmig und scharf begrenzt sein. Bei größerer Helligkeit entsteht um den Fleck eine Art Lichthof; dieser ist bedingt durch Reflexionen im Glas und deutet nicht auf einen Fehler hin.

Bei ruhendem Punkt oder langsamer Strahländerung nur minimale Helligkeit einstellen!

Es besteht sonst die Gefahr des Einbrennens. Die betreffende Stelle hat dann kein Leuchtvermögen mehr.

Ist der Punkt scharf und kreisrund, dann ist die Oszilloskopröhre fehlerfrei. Es können folgende Fehler auftreten:

elliptische Verformung

Ist trotz Erdung der Leuchtfleck eine Ellipse, dann liegt ein Fehler im Elektronenröhrensystem vor. Tritt die elliptische Verformung erst bei einer Fleckverschiebung vertikal oder horizontal ein, ist ebenfalls ein Systemfehler vorhanden. Solche Fehler können durch Transport des Gerätes entstehen. Durch Erschütterung haben sich die Ablenkelektroden gegeneinander verschoben. Der Fehler wird durch Wechseln der Röhre beseitigt.

Entartung zur Strichform

Es kann ein Systemfehler vorliegen, den man Astigmatismus nennt. Möglich ist aber auch die Beeinflussung durch Fremdfelder und bei nichtgeerdeten Platten durch Fremdspannungen am y-Verstärker-Eingang. Letzteres tritt vor allem bei voller Empfindlichkeit auf und ist leicht feststellbar. Nähert man einen Finger dem Verstärkereingang, so dehnt sich der Strich aus. Bereits das Überbrücken des Verstärkereingangs mit einem Widerstand schafft Abhilfe. Bleibt danach dennoch der Strich bestehen, so kann störendes Brummen des y- oder x-Verstärkers die Ursache sein, das durch ungenügende Siebung im Netzteil entsteht. Streufelder sind, wenn sie besonders intensiv wirken, auch bei abgeschirmter Röhre wirksam. Vor allem Netztransformatoren, z. B. ein Regeltransformator in der unmittelbaren Umgebung des Oszilloskops aufgestellt, können derart wirken. Die eventuell störenden Geräte sind aus der unmittelbaren Umgebung des Oszilloskops zu entfernen. Ob Systemfehler oder Einstreuungen vorliegen, erkennt man, wenn man sich so vor das Gerät stellt, daß der Strich senkrecht erscheint. Bewegt man den Kopf seitlich hin und her und sieht dabei eine Schlangenlinie, so liegen Einstreuungen aus dem Netz vor. An einer gleichmäßig starken Linie erkennt man den Systemfehler.

unscharfe Begrenzung

Die Erscheinung deutet meist auf eine erschöpfte Katode hin.

Nach diesen Beobachtungen werden die Zeitablenkung eingeschaltet (Synchronisation) und eine Meßspannung auf den Vertikalverstärker-Eingang gegeben. Bei Triggerbetrieb wird erst jetzt in horizontaler Richtung geschrieben. Geschieht dies nicht, ist mit dem entsprechenden Einstellknopf die Triggerempfindlichkeit zu erhöhen, bis eine Auslenkung in x-Richtung erfolgt. Bildbreite und -höhe sind so einzustellen, daß kein Verzeichnen durch die Krümmung der Oszilloskopröhre eintritt.

3.4.3. Meßbeispiele

Das Oszilloskop ist vielseitig einsetzbar. An dieser Stelle sollen zwei Anwendungsbeispiele erläutert werden:

1. Aufnahme von Transistorkennlinien

Es soll eine Meßschaltung aufgebaut werden, die die Aufnahme der Funktion $I_C = f(U_{CE})$ mit U_{BE} als Parameter gestattet.

Die im Bild 3.40 dargestellte Meßschaltung gestattet für einen über $R2$ eingestellten Wert der Basis-Emitter-Spannung U_{BE} die Aufnahme und Wiedergabe der zugehörigen Transistorkennlinie.

Bild 3.40. Aufnahme einer Transistorkennlinie
a) Meßschaltung
b) Tastung der Kollektor-Emitter-Spannung

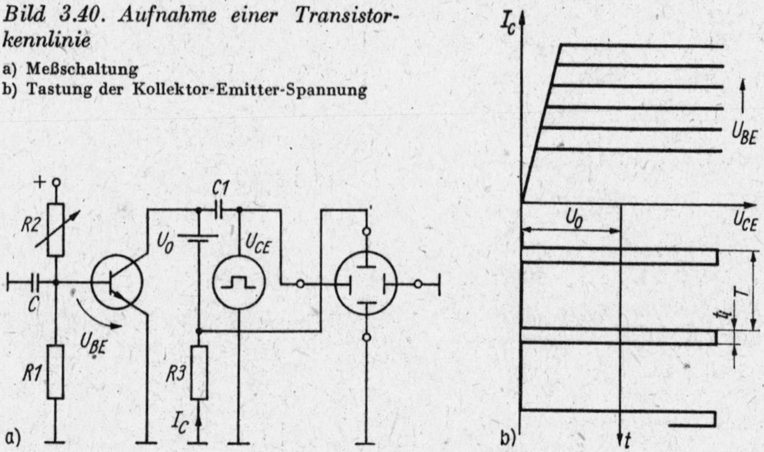

Die Auslenkung in x-Richtung erfolgt mit der Spannung U_{CE}. Um den Transistor thermisch nicht zu überlasten, verwendet man für die Kollektor-Emitter-Spannung eine Impulsspannung mit sehr kleinem Tastverhältnis:

$$k = \frac{t_i}{T}. \tag{3.45}$$

An $R3$ entsteht eine Spannung, die dem Kollektorstrom I_C proportional ist. Diese dient zur Steuerung des y-Verstärkers und wird zur Vertikalablenkung benötigt.

2. Untersuchung einer modulierten Schwingung

$$u(t) = \hat{u}_{HF}\,(1 + m \cos\omega t)\,\cos \Omega t; \tag{3.46}$$

$\hat{u}_{HF}$ HF-Amplitude
m Modulationsgrad
$\Omega = 2\pi f_1$ Trägerfrequenz
$\omega = 2\pi f_2$ niederfrequente Modulationsfrequenz.

In diesem Fall wird $u(t)$ auf den y-Eingang gegeben.

Die x-Auslenkung erfolgt zeitlinear mit der in der Zeitablenkstufe erzeugten Sägezahnspannung. Die Triggerung bzw. Synchronisation muß mit der Modulationsfrequenz vorgenommen werden. Im Bild 3.41 ist die Meßschaltung dargestellt.

Soll der *Modulationsgrad* bestimmt werden, wird die Meßschaltung so abgeändert, daß die Horizontalablenkung von der Modulationsspannung vorgenommen wird. Mit der im Bild 3.42 dargestellten Meßschaltung kann der Modulationsgrad gemessen werden. Als Signalquelle wird ein Generator gewählt.

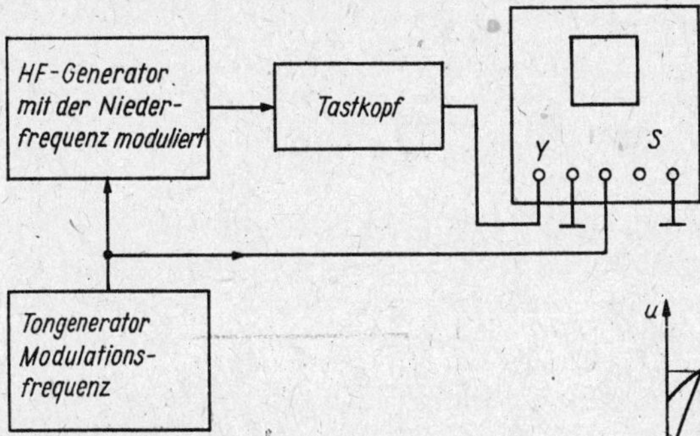

a)

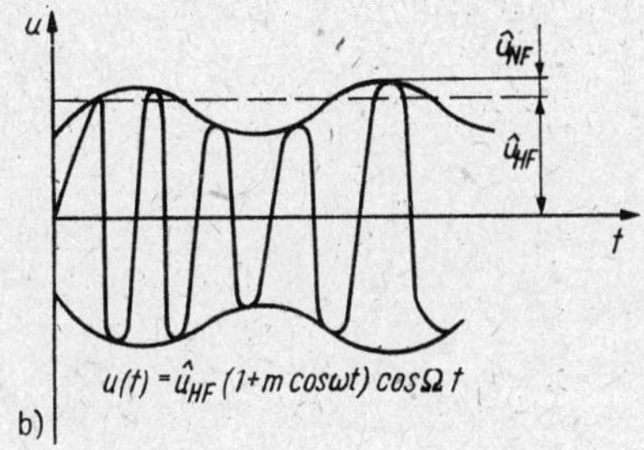

b)

Bild 3.41. Messung einer modulierten Schwingung

a) Meßschaltung
b) auszuwertendes Oszillogramm
S Eingang externe Synchronisation

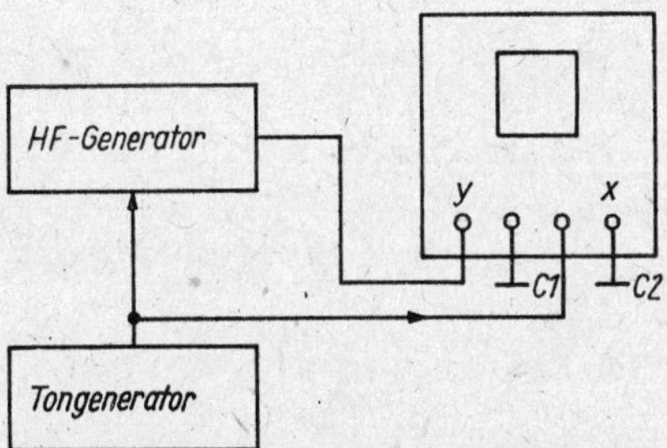

a)

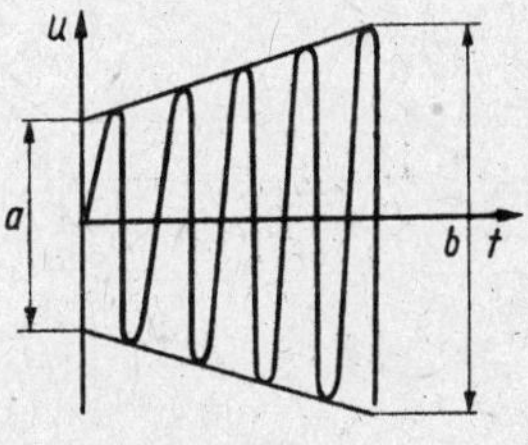

b)

Bild 3.42. Messung des Modulationsgrades

a) Meßschaltung
b) auszuwertendes Oszillogramm

Der Modulationsgrad kann nach folgender Gleichung bestimmt werden:

$$m = \frac{\hat{u}_{NF}}{\hat{u}_{HF}}. \tag{3.47}$$

Mißt man die Strecken a und b, so läßt sich der Modulationsgrad m berechnen:

$$m = \frac{b - a}{b + a} = \frac{\hat{u}_{NF}}{\hat{u}_{HF}} \tag{3.48}$$

$$b = 2\hat{u}_{HF} + 2\hat{u}_{NF}$$
$$a = 2\hat{u}_{HF} - 2\hat{u}_{NF}$$
$$b - a = 4\hat{u}_{NF}$$
$$b + a = 4\hat{u}_{HF}.$$

Aufgaben

3.1. Welche Baugruppen enthält ein Oszilloskop, und welche Funktionen erfüllen diese?

3.2. Erklären Sie, warum bei der Darstellung von Rechteckimpulsen auf dem Schirm von der Verformung auf die Eigenschaften des Vertikalverstärkers geschlossen werden kann!

3.3. Welcher Unterschied besteht zwischen Triggerung und Synchronisation?

3.4. Nennen Sie die Größen, die die Synchronisation eines Generators beeinflussen!

3.5. Was ist bei der Inbetriebnahme eines Oszilloskops zu beachten?

3.6. Skizzieren Sie in einem Übersichtsschaltplan den Meßaufbau zur Aufnahme der Strom-Spannungs-Kennlinie eines nichtlinearen Bauelements!

4. Spannungs- und Pegelmeßverfahren

4.1. Allgemeines

Das Messen von Spannungen an Bauelementen, Baugruppen und Geräten ist eine der häufigsten meßtechnischen Aufgaben im Bereich der Informationselektrotechnik. Auch das Ermitteln anderer elektrischer und nichtelektrischer Größen ist meist auf eine Spannungsmessung zurückzuführen. Eines der gebräuchlichsten Meßgeräte für diese Meßaufgaben ist das Vielfachmeßgerät mit einem Drehspulmeßwerk.

Der Anwendung eines Vielfachmeßgerätes mit Drehspulmeßwerk sind z. B. hinsichtlich Frequenzumfang, Eingangs- bzw. Innenwiderstand und Kurvenform der zu messenden elektrischen Größe bestimmte Grenzen gesetzt. Sie schränken die Anwendung dieser Gerätegruppe besonders bei Messungen an elektronischen Baugruppen und Geräten und an Übertragungseinrichtungen der Nachrichtentechnik ein.

In der Praxis müssen sehr häufig Gleich- und Wechselspannungen gemessen werden, bei denen ein sehr hoher Innenwiderstand des Meßgerätes verlangt wird. Verstärkervoltmeter, auch *elektronische Spannungsmesser* genannt, sind für diesen Anwendungsbereich geeignetere Meßmittel.

Je nach Art des Meßverfahrens gibt es analog und digital anzeigende Verstärkervoltmeter.

4.2. Prinzip der analogen und digitalen Meßwertanzeige

Analoges Meßverfahren

Wird das Meßergebnis als Strecke oder Winkelausschlag an der Skale eines Meßgerätes abgelesen, spricht man von analoger Meßwertanzeige. Es kann jeder beliebige Wert zwischen Anfangs- und Skalenendwert eingenommen werden. In der Praxis läßt sich die Anzeigenskale nicht beliebig unterteilen, nur theoretisch wäre eine unendlich feine Unterteilung denkbar. Zwischenwerte müssen meist geschätzt werden. Die Anzeige des Meßwertes erfolgt analog der zu messenden Größe. Wie im Bild 4.1 dargestellt, ändert sich der Winkel des Zigeraus-

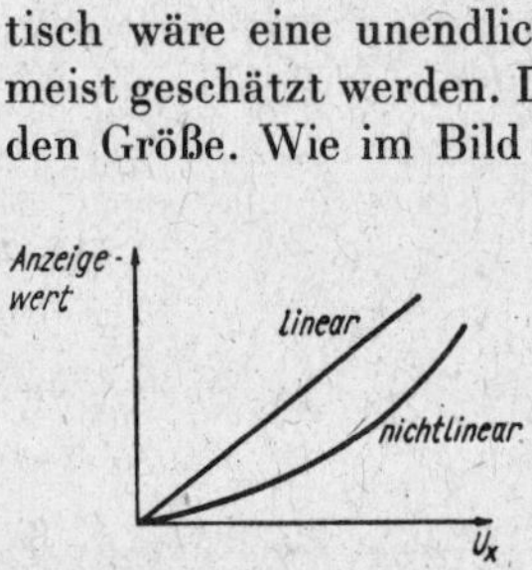

Bild 4.1. Anzeigewert eines Meßgerätes in Abhängigkeit von der Meßgröße

schlages eines Spannungsmeßgerätes stetig (linear oder nichtlinear) mit der sich ändernden Meßgröße U_x.

Digitales Meßverfahren

Beim digitalen Meßverfahren wird die Meßgröße unmittelbar in einen Zahlenwert umgesetzt. Dabei muß die Meßgröße quantisiert und kodiert werden.

Beim Quantisieren wird die Meßgröße in eine bestimmte Anzahl von Meßquanten unterteilt. Der Meßvorgang beruht im Gegensatz zur analogen Messung auf dem Abzählen dieser einzelnen Meßquanten.

Mit einem geeigneten Zahlensystem wird das Ergebnis kodiert, gespeichert und zur Anzeige gebracht. Wollte man das im allgemeinen Umgang übliche Dezimalsystem (System zur Basis 10) dafür verwenden, wären elektronische Baustufen notwendig, die zehn verschiedene Zustände einnehmen müßten. Zur Kodierung wird daher auch in der elektronischen Meßtechnik das Zahlensystem zur Basis 2 verwendet (Binärsystem). Daher werden Baugruppen meist in integrierter Schaltungstechnik verwendet, die logische Grundfunktionen bzw. Speicherfunktionen übernehmen können und nur in zwei verschiedenen elektrischen Zuständen arbeiten.

Bei digitalen Meßgeräten wird demnach nach der Umformung des Eingangssignals immer gezählt. Die entsprechende Zahlendarstellung in Ziffern (englisch: digit Schrittmaß) kann in Form von Ziffernanzeigeelementen erfolgen oder, als Meßwert ausgedruckt, in Lochstreifen gespeichert oder einer weiteren Meßwertverarbeitung zugeführt werden. Zeichenanzeigeelemente können außerdem Kommastellung und Vorzeichen angeben. Mit diesem Meßgerätetyp ist unter Verwendung verschiedener Zusatzgeräte eine weitgehende Automatisierung des Meßvorgangs möglich.

4.3. Spannungsmessung mit analogen Verstärkervoltmetern

4.3.1. Meßverfahren

Der analoge Meßwert wird an der Skale eines Drehspulmeßwerks angezeigt. Da vorwiegend Wechselspannungen verschiedener Frequenz gemessen werden, ist eine Gleichrichtung der Meßgröße notwendig. Um auch sehr kleine Spannungen messen zu können, ist eine Verstärkung des Meßwertes Voraussetzung. An Verstärker und Gleichrichter werden hohe Anforderungen gestellt, um den Meßfehler im vorgegebenen Spannungs- und Frequenzbereich klein halten zu können.

Jedes analoge Verstärkervoltmeter besitzt außer dem Netzteil die Funktionsgruppen Verstärker, Gleichrichter und Anzeigeeinrichtung.

4.3.2. Arten

Entsprechend dem breiten Anwendungsbereich gibt es verschiedene Arten, die sich in drei Grundtypen einordnen lassen:

- Universalverstärkervoltmeter
- Wechselspannungs-Verstärkervoltmeter
- selektives Verstärkervoltmeter.

Früher war der Begriff Röhrenvoltmeter üblich. Er wird heute noch benutzt, wenn es sich um ein mit Röhren bestücktes Gerät handelt.

Universalverstärkervoltmeter

Dieser Typ gestattet die *Messung von Gleich- und Wechselspannung*. Bei der Wechselspannungsmessung kann in einem sehr breiten Frequenzbereich (30 Hz··· 300 MHz) gearbeitet werden.

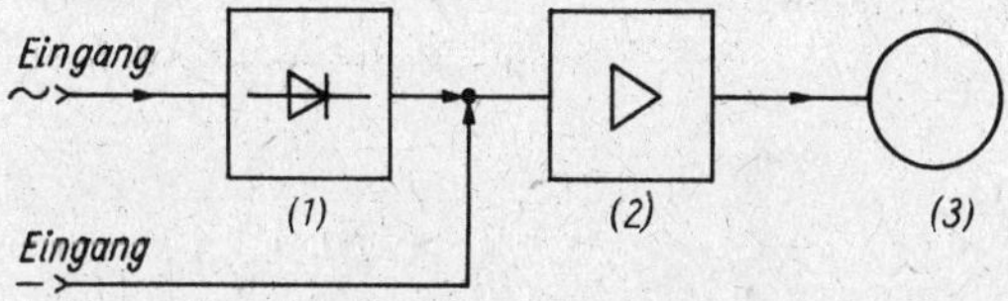

Bild 4.2. Übersichtsschaltplan eines Universalverstärkervoltmeters

Den prinzipiellen Aufbau zeigt Bild 4.2. Auf den Gleichrichterteil *1*, der im Tastkopf (Bild 4.15) untergebracht ist, folgt der Verstärkerbaustein *2*. Der Meßwert wird in der Anzeigeeinrichtung *3* sichtbar gemacht. Beim Messen von Gleichspannungen wird der Tastkopf mit Gleichrichterteil nicht benötigt. Die Meßgröße wird direkt an den Eingang des Meßverstärkers gelegt. Dieser muß daher ein Gleichspannungsverstärker sein. Der Eingangswiderstand dieses Verstärkers liegt in der Größenordnung von etwa 10 MΩ.

Da die Wechselspannungsmessung im Frequenzbereich von einigen Hertz bis zu mehreren Megahertz möglich ist, muß auf eine Verstärkung der Meßspannung vor der Gleichrichtung verzichtet werden. Es wäre sonst über einen solchen Frequenzbereich keine lineare Verstärkung möglich. Dadurch würde sich die Anzeige stark frequenzabhängig gestalten. Andererseits lassen sich kleinere Spannungen nicht gleichrichten. Der niedrigste Spannungsbereich liegt daher relativ hoch (z. B. bei 100 mV). Das Universalverstärkervoltmeter ist deshalb in seinem Anwendungsgebiet eingeschränkt.

Wechselspannungs-Verstärkervoltmeter

In der Nachrichtentechnik und Elektronik müssen oft Wechselspannungen unterschiedlichster Frequenz an hochohmigen Meßobjekten gemessen werden. Für diesen Zweck sind Verstärkervoltmeter mit hohem Eingangswiderstand und nur für Wechselspannungen entwickelt worden.

Der Frequenzumfang reicht von ungefähr 2 Hz··· etwa 100 kHz, bei einigen Arten sogar bis 2 MHz, erreicht aber nicht die hohe obere Grenze des Universalvoltmeters. Allerdings ist ein relativ hoher Spannungsumfang (etwa 0,5 mV··· 500 V) meßbar. Dieser wird durch eine Verstärkung des Meßsignals vor der Gleichrichterstufe erzielt. Um Übersteuerung zu vermeiden, werden vor dem

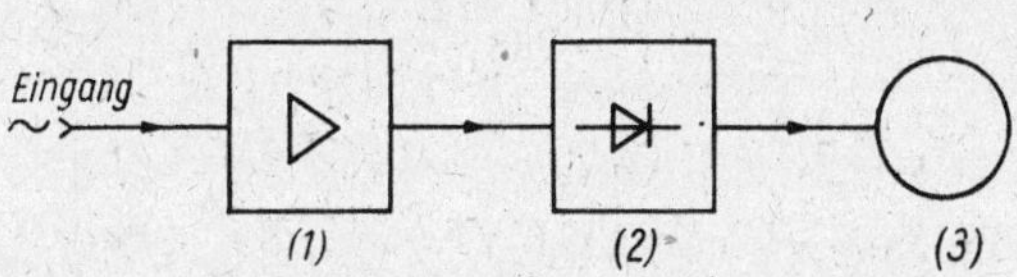

Bild 4.3. Übersichtsschaltplan eines Wechselspannungs-Verstärkervoltmeters

Verstärker noch Spannungsteiler angeordnet. Die prinzipielle Anordnung der Baugruppen zeigt Bild 4.3.

Die Meßgröße wird zunächst in einem mehrstufigen Wechselspannungsverstärker *1* verstärkt und anschließend gleichgerichtet *2*, bevor sie der Anzeigeeinrichtung *3* zugeführt wird. Diese prinzipielle Schaltungsstruktur zeigen alle Niederfrequenz-Verstärkervoltmeter. Wichtigste, zu erfüllende Forderung ist die weitgehende frequenzunabhängige Spannungsmessung.

Selektives Verstärkervoltmeter

Ein selektives Verstärkervoltmeter ist eine spezielle Art eines Wechselspannungs-Verstärkervoltmeters für den *Hochfrequenzbereich*. Wie Bild 4.4 zeigt, unterscheidet sich dieser Gerätetyp von den bereits dargestellten Arten durch einen etwas anderen prinzipiellen Aufbau.

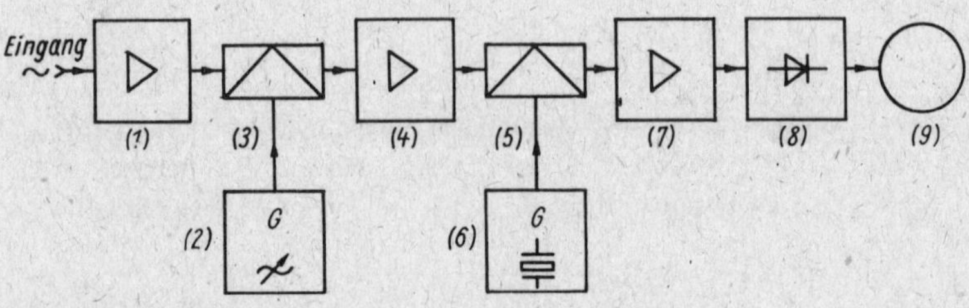

Bild 4.4. Übersichtsschaltplan eines selektiven Verstärkervoltmeters

Die Meßfrequenz f_M wird nach ihrer Verstärkung *1* mit einer veränderlichen Generatorfrequenz f_G *2* gemischt *3*, so daß eine Differenzfrequenz $f_M - f_G$ entsteht. Letztere wird wiederum verstärkt *4* und mit einer zweiten Generatorfrequenz gemischt *5*. Diese wird als Festfrequenz durch eine quarzstabilisierte Oszillatorstufe *6* erzeugt.

Nach nochmaliger Verstärkung *7* erfolgt das Gleichrichten der Wechselspannung *8*, ehe das Signal der Anzeigeeinrichtung *9* zugeführt wird. Grund für den höheren meßtechnischen Aufwand ist die zur Messung notwendige höhere Selektivität. Der prinzipielle Aufbau ähnelt dem eines Doppelüberlagerungsempfängers.

Derartige Meßgeräte gestatten, Hochfrequenzspannungen kleinster Größe (z. B. 0,6 µV···30 mV) zu messen. Durch eine scharfe Selektion der Meßfrequenz vor der ersten Hochfrequenzverstärkerstufe *1* kann man mit hoher Trennschärfe z. B. hochfrequente Nutz- und Störspannungen sowie Feldstärken messen.

4.3.3. Aufbau und Wirkungsweise der Baugruppen

Gleichspannungsmeßverstärker

Der Gleichspannungsverstärker wird in der elektronischen Meßtechnik hauptsächlich zur Messung nichtelektrischer Größen eingesetzt. Als Meßverstärker in Verstärkervoltmetern dient er zum Verstärken einer zu messenden Gleichspannung oder eines vorher gleichgerichteten Wechselspannungssignals. Er ist im Gerät daher unmittelbar vor der Anzeigeeinrichtung angeordnet und muß folgende Bedingungen erfüllen:

- hoher Eingangswiderstand
- untere Grenzfrequenz bei 0 Hz
- hohe Stabilität gegenüber Störeinflüssen
- konstante Verstärkung.

Zur Erfüllung dieser allgemeinen Forderungen sind u. a. folgende Schaltungsmaßnahmen notwendig:

Der Eingangswiderstand, besonders bei Transistoreingangsstufen, muß durch Schaltungsvarianten (z. B. Kollektorschaltung) oder durch Einsatz von *Feldeffekttransistoren* erhöht werden. Ein Beispiel für eine solche Schaltung zeigt Bild 4.5. Die Feldeffekttransistoren werden in Drainschaltung betrieben. Sie

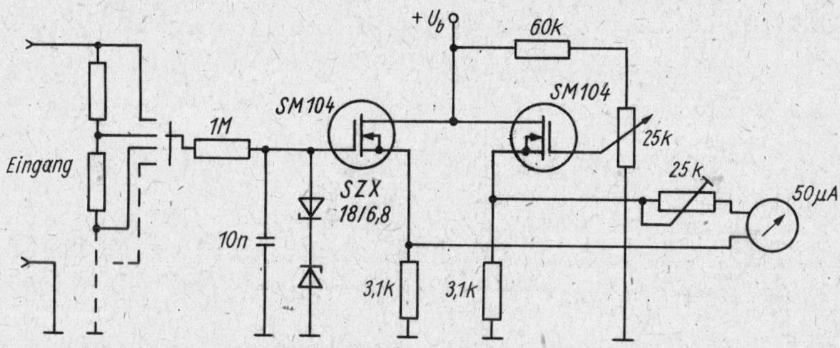

Bild 4.5. Gleichspannungsverstärker mit Feldeffekttransistoren

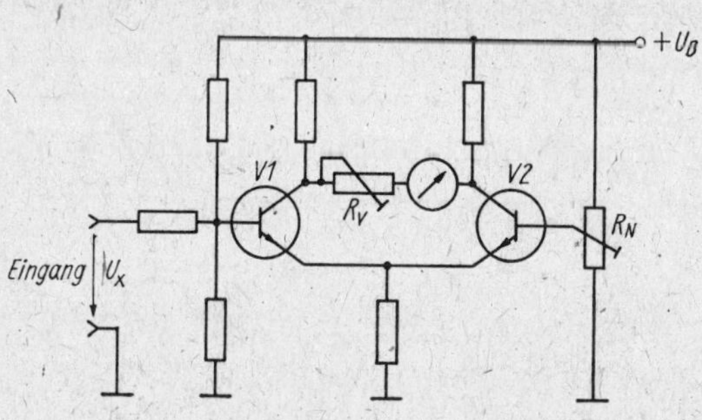

Bild 4.6. Differenzverstärker mit bipolaren Transistoren

gewährleistet eine gute Anzeigelinearität. Der Eingangswiderstand beträgt 10 MΩ. Zwei Z-Dioden schützen den Eingangstransistor vor Überspannung.

Auch der Einsatz von *bipolaren Transistoren* nach dem Differenzverstärkerprinzip ist üblich. Das Bild 4.6 zeigt eine einsetzbare Grundschaltung.

Zur Ruhestromkompensation dient der Transistor *V*2. Die Nullpunkteinstellung wird durch das Einstellen der Basisspannung mit R_N vorgenommen. Mit R_V wird der Endausschlag des Meßinstrumentes eingestellt.

Der Einsatz des *Operationsverstärkers* in integrierter Schaltungstechnik bietet sich in der elektronischen Meßtechnik ebenfalls an. Ein Operationsverstärker hat u. a. folgende Eigenschaften:

- Verstärkung eines Gleichspannungssignals
- hoher Eingangswiderstand
- hohe Verstärkung
- Eingang meist als Differenzverstärker geschaltet.

Das Schaltsymbol eines Operationsverstärkers (OV) zeigt Bild 4.7. Er hat zwei Eingänge. Die Eingangsspannungen beziehen sich auf Massepotential. Verstärkt wird nur die Differenzspannung zwischen den beiden Eingängen. Die Stromversorgung wird meist nicht mitgezeichnet. Es muß positive und negative Betriebsspannung angelegt werden.

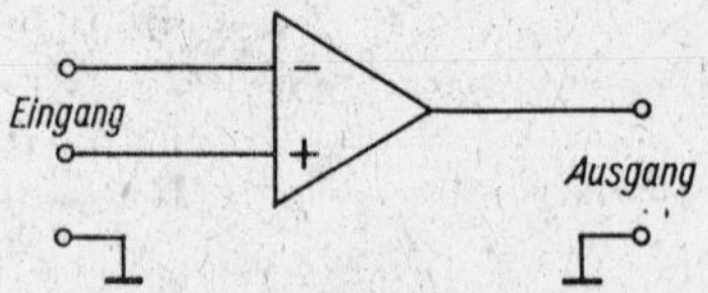

Bild 4.7. Schaltzeichen eines Operationsverstärkers

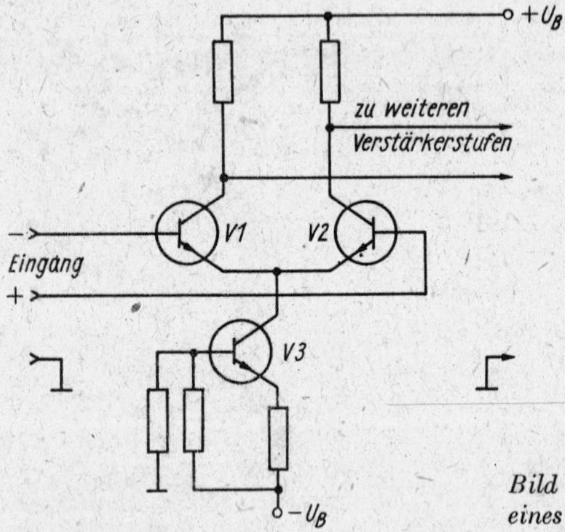

Bild 4.8. Differenzverstärkereingang eines Operationsverstärkers

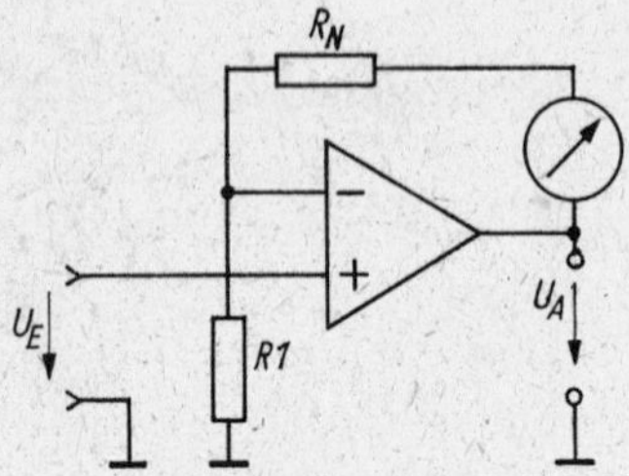

Bild 4.9. Operationsverstärker als Meßverstärker

In herkömmlicher Schaltungstechnik nachgebildet, würde der Eingang eines OV wie im Bild 4.8 vorliegen. *V*1 und *V*2 bilden den Eingang als Differenzverstärker, *V*3 wirkt als Konstantstromquelle.

Bild 4.9 zeigt ein Beispiel für die Verwendung eines OV in einem Gleichspannungs-Verstärkervoltmeter. Die Ausgangsspannung U_A ergibt sich aus

$$U_A = \frac{R_N + R_1}{R_1}. \tag{4.1}$$

Beim Einsatz des OV in der Meßtechnik müssen aber der relativ hohe Eingangsruhestrom und die ungünstigen Werte der Driftspannungen beachtet werden. Daher schaltet man oft eingangsseitig vor den OV eine Stufe mit Feldeffekttransistoren. Für alle Schaltungsarten des Gleichspannungsverstärkers gilt:

Um die untere Grenzfrequenz von 0 Hz zu erreichen, muß eine direkte Kopplung ohne Kondensator zwischen den Verstärkerstufen angewendet werden. Damit ist aber der Gleichspannungsverstärker unstabiler als der Wechselspannungsverstärker. Vor allem spielt die Drift eine große Rolle. Sie äußert sich in

Arbeitspunktverschiebungen, hervorgerufen durch Temperaturänderungen, Alterungserscheinungen und Betriebsspannungsschwankungen. Trotz Stabilisierung der Betriebsspannung verwendet man oft zur weiteren Verringerung dieses Störeinflusses Differenzverstärker. Eine weitere Stabilisierung wird durch das Anwenden starker Gegenkopplungen erreicht.

Gleichrichterbaugruppe

Sie dient der Bildung des analog vorliegenden Meßwertes für das Anzeigeinstrument des Verstärkervoltmeters. Alle Gleichrichterbauelemente haben eine nichtlineare Strom-Spannungs-Kennlinie. Der Ruhestrom I_0 ist durch die Lage des Arbeitspunktes auf dieser Kennlinie als Gleichstromwert gegeben. Man unterscheidet zwischen *A*-, *B*- und *C*-Gleichrichtung. Bei der *A-Gleichrichtung* (Bild 4.10) kann aus den Strommittelwerten der beiden Halbperioden die mittlere

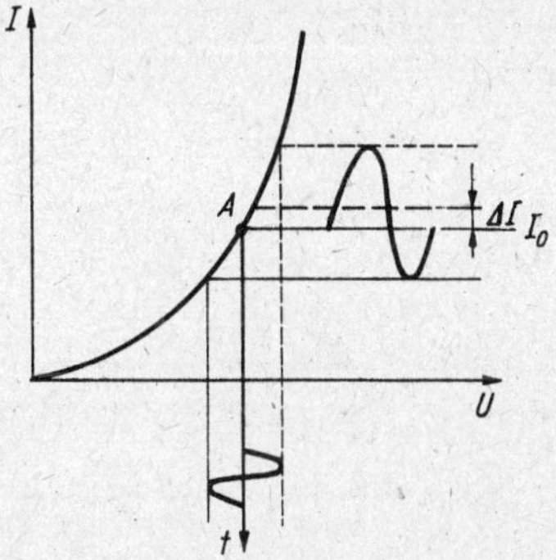

Bild 4.10. A-Gleichrichtung

Stromänderung ΔI über die gesamte Periode der Wechselspannung ermittelt werden. Dieser sogenannte Richtstrom weicht vom Ruhestrom I_0 ab und ist ein Maß für den Effektivwert der zu messenden und gleichzurichtenden Wechselspannung.

Dieser Ruhestrom und damit die Anzeige des Meßgerätes hängen von der Kennlinienform, der Lage des Arbeitspunktes, dem Aussteuerbereich auf der Kennlinie und von der Art der Schaltung ab.

Ist die Kennlinie parabelförmig, wird die rechnerische Ermittlung des Effektivwertes relativ einfach. Es gilt der Zusammenhang

$$I = k\,U_{\text{eff}}^2;$$

k Konstante der Kennlinie.

Man spricht von sogenannter *quadratischer Gleichrichtung*. Werden durch besondere Schaltungsmaßnahmen (z. B. Brückenschaltung mit Halbleiterdioden) der quadratischen Gleichrichtung nahe kommende Richtströme erreicht, bezeichnet man diese Anordnung als *quasiquadratischen Gleichrichter*. Eine derartige Schaltung zum Erzielen einer nahezu parabelförmigen Strom-Spannungs-Charakteristik und damit einer quadratischen Gleichrichtung zeigt Bild 4.11. Bei richtiger Dimensionierung der Schaltung sind der Strom *i* und die damit vom Instrument angezeigte Spannung dem Effektivwert U_{eff} der Eingangswechselspannung proportional.

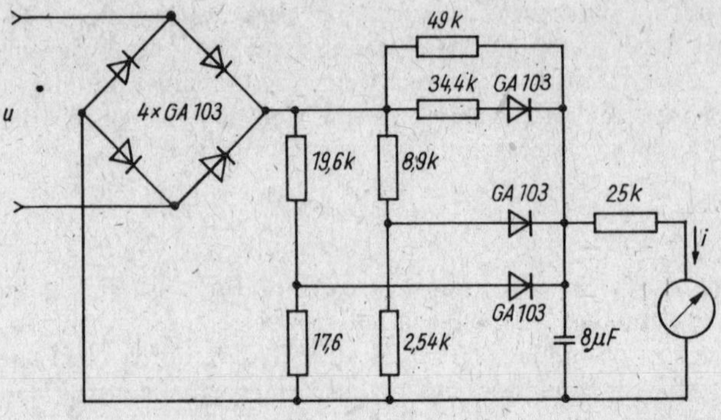

Bild 4.11. Schaltung eines quasiquadratischen Gleichrichters

Störend wirkt bei der A-Gleichrichtung der Ruhestrom. Er kann durch geeignete Kompensationsschaltungen oder durch Nachschalten eines Differenzverstärkers kompensiert werden. Ferner wirken nachteilig auf die Anzeige eventuell vorhandene Oberwellen der Meßfrequenz. Die Tatsache, daß dieser störende Einfluß bei Verwendung einer quadratischen Gleichrichterkennlinie geringer wird, spricht für die verbreitete Anwendung des quadratischen Gleichrichters.

Bei der *B-Gleichrichtung* (Bild 4.12) fällt der Ruhestrom I_0 weg. Wenn sinus-

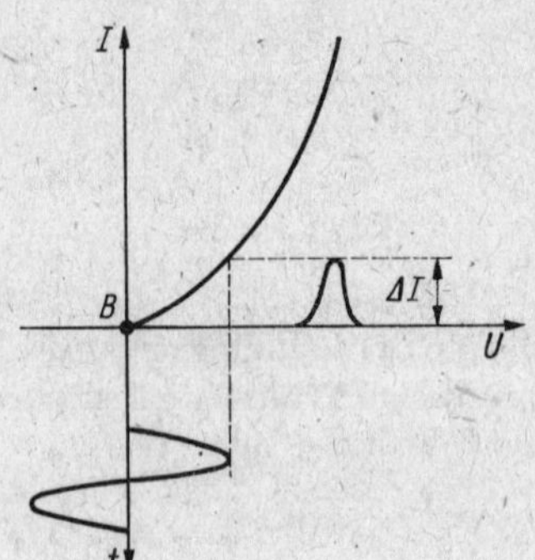

Bild 4.12. B-Gleichrichtung

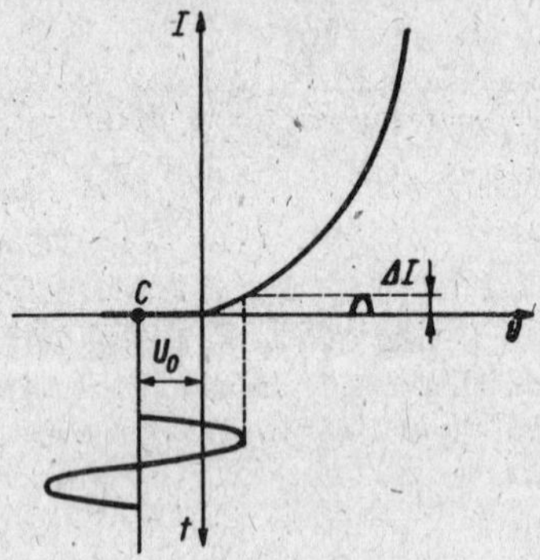

Bild 4.13. C-Gleichrichtung

förmige Wechselspannung und quadratische Kennlinie vorhanden sind, wird durch die Gleichrichtung ein Richtstrom erzeugt, der dem Quadrat des Effektivwertes der positiven Spannungshalbwelle proportional ist.

Es gilt

$$I = 0{,}5\, k\, U_{\text{eff}}^2 . \tag{4.2}$$

Leider wirken Oberwellen hier viel stärker störend als beim A-Gleichrichter. Diesen Einfluß kann man verringern, wenn man Zweiweggleichrichtung vornimmt.

Die *C-Gleichrichtung* schließlich, gestattet vorzugsweise das Messen von *Spitzenspannungen* der Wechselspannungskurve. Dazu muß die Vorspannung U_0 einstellbar sein (Bild 4.13). Vielfach verwendet man dazu einen Ladekondensator C, der sich dann durch den Richtstrom ΔI aufladen und über R und das Instrument entladen kann. Das Prinzip zeigt Bild 4.14. Durch Aufladen von C

wird die Spannung U_0 an der Diode so weit in negative Richtung verschoben, daß ein Fließen des Richtstroms aufhört. Das geschieht dann, wenn die Ladespannung von C gleich der Spitzenspannung der Meßfrequenz ist. Als Bedingung gilt, daß die Zeitkonstante $\tau = RC$ groß gegenüber der zu messenden niedrigsten Frequenz ist. Somit braucht nur die Spannung über C gemessen zu werden.

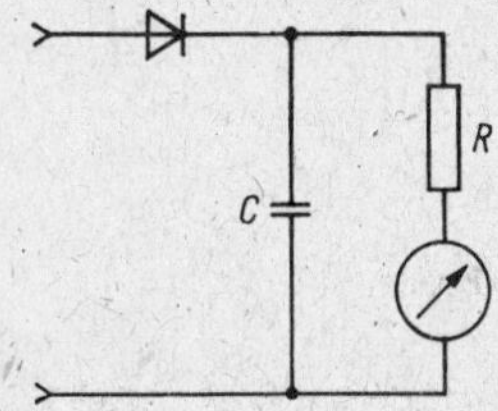

Bild 4.14. Messung von Spitzenspannungen

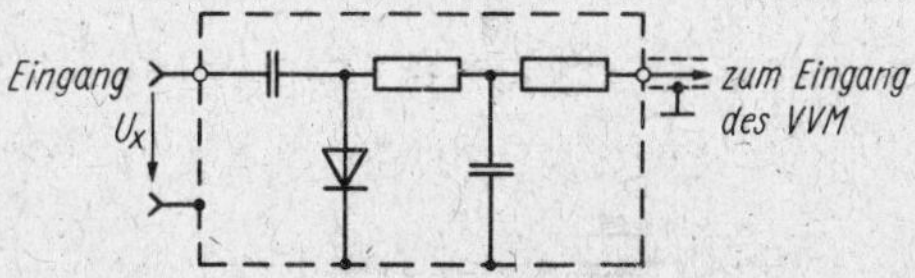

Bild 4.15. Tastkopf mit Gleichrichterteil eines Verstärkervoltmeters

Bei den Universalverstärkervoltmetern wird die Gleichrichterbaugruppe häufig im sogenannten *Tastkopf* untergebracht. Ein Beispiel einer möglichen Schaltung zeigt Bild 4.15. Der Tastkopf ist meist steckbar ausgeführt und damit austauschbar. Die dabei vorhandenen Austauschmöglichkeiten beziehen sich auf Tastköpfe für verschiedene Frequenzbereiche (HF-Tastkopf, NF-Tastkopf) oder auf verschiedene Spannungen (z. B. Hochspannungstastkopf). Der Tastkopf kann direkt an das Meßobjekt herangeführt werden. Dies ist besonders für die Gleichrichtung von HF-Meßspannungen von Bedeutung. Bei der Inbetriebnahme des Tastkopfes ist die maximal zulässige Spannung zu beachten.

Wechselspannungs-Meßverstärker

Liegt das Anzeigeinstrument unmittelbar hinter der Gleichrichterstufe (s. Bild 4.3), so ist eine Vorverstärkung des Signals vor der Gleichrichtung notwendig, um auch bei kleinsten Meßspannungen noch Leistungen von 5···1000 mW (je nach Dimensionierung und Art der Gleichrichterstufe) zu erhalten.

Die Verstärkerstufen sollen möglichst hohe Eingangswiderstände und geringe lineare und nichtlineare Verzerrungen aufweisen. So ist z. B. ein Frequenzgangfehler der Verstärkerdurchlaßkurve zwischen 2 und 5 Hz von nur $\pm$ 5% und zwischen 5 Hz und 100 kHz von $\pm$ 2% zulässig. Deshalb findet man innerhalb der Schaltung des Meßverstärkers eine Reihe verschiedener Gegenkopplungszweige. Um einen möglichst hohen Eingangswiderstand vom Meßverstärker zu erreichen, bieten sich folgende schaltungstechnischen Lösungen an:

- Der geforderte hohe Eingangswiderstand wird durch geeignete Schaltungen mit hohem Eingangswiderstand realisiert. Das wären z. B. Eingangsstufen mit Feldeffekttransistoren, Kollektorschaltungen mit bipolaren Transistoren oder die sogenannte *Bootstrap-Schaltung* (Bild 4.16).
- Der hohe Eingangswiderstand eines Operationsverstärkers kann ebenfalls vorteilhaft für einen Wechselspannungsverstärker ausgenutzt werden. Um einen hohen Eingangswiderstand zu erreichen, kann eine Schaltung nach Bild 4.17 eingesetzt werden.

Eine direkte Kopplung ist beim Wechselspannungs-Meßverstärker nicht notwendig. Bei der Dimensionierung ist aber die geforderte untere Grenzfrequenz zu beachten. Um die notwendigen Übertragungseigenschaften (z. B. linearer

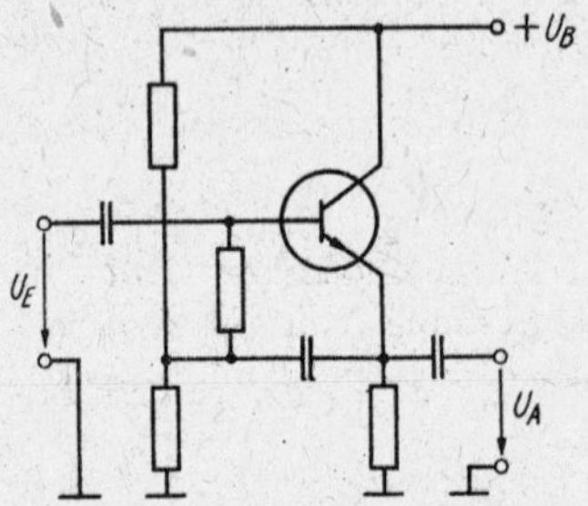

Bild 4.16. Bootstrap-Schaltung als hochohmige Eingangsverstärkerstufe

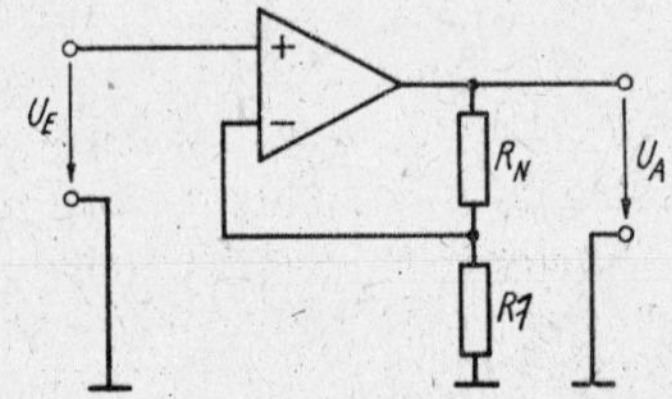

Bild 4.17. Operationsverstärker mit hohem Eingangswiderstand

Frequenzgang) zu erhalten, sind vielfältige Gegenkopplungsmaßnahmen vorzusehen. Zu beachten ist dabei, daß die Stufenverstärkung sinkt und mehrere Verstärkerstufen notwendig sind. Weitere Forderungen, wie geringe Eingangskapazität, kleiner Temperatureinfluß und konstante Betriebsspannungen, sind zu realisieren.

4.3.4. Vor- und Nachteile

Vorteile der Verstärkervoltmeter

- hoher Eingangswiderstand über alle Meßbereiche bei breitem Frequenzband
- breiter Frequenzbereich der Meßgröße möglich
- Messungen auch nichtsinusförmiger Spannungen
- neben Messung von Effektivwerten bei einigen Typen auch Spitzenwertmessungen möglich
- kurzzeitige Überlastung wirkt sich weniger schädlich auf das Anzeigeinstrument aus, da dann im wesentlichen nur eine Übersteuerung des Verstärkers erfolgt.

Nachteile der Verstärkervoltmeter

- hoher ökonomisch-technischer Aufwand
- meist netzabhängig
- Anlaufzeit notwendig
- ständige Meßmittelkontrolle, da viele Einflußgrößen im Gerät einen Meßfehler verursachen können.

4.3.5. Anwendung

Verstärkervoltmeter gehören zu den unentbehrlichen Meßmitteln sowohl in Entwicklungslabors als auch an Meß- und Prüfplätzen der Fertigung, Reparatur und Überwachung von Geräten und Anlagen der Elektrotechnik/Elektronik.

Der hohe technisch-ökonomische Aufwand bedingt, daß Verstärkervoltmeter nur dort eingesetzt werden, wo beim Lösen einer Meßaufgabe folgende Forderungen zu erfüllen sind:

- Messen einer *Spannung* unter minimaler Belastung des Meßobjekts
- Ermitteln kleinster Spannungen mit hohem Eingangswiderstand des Meßgerätes
- frequenzunabhängige Spannungsmessung
- Vorhandensein nichtsinusförmiger Kurvenformen.

Jede Messung einer beliebigen elektrischen oder nichtelektrischen Größe ist auf eine Spannungsmessung zurückzuführen. Zur Messung von *Strömen und Leistungen* ist eine Umwandlung in eine stromproportionale Spannung mittels eines Präzisionswiderstands notwendig.

Einige Arten von Verstärkervoltmetern können auch zur *Messung nichtelektrischer Größen*, wie Schallpegel, Schwingbeschleunigung, Druck usw., in Verbindung mit elektroakustischen oder elektromagnetischen Wandlern herangezogen werden. *Selektive Mikrovoltmeter* können zur Messung von Störspannungen und elektrischen Feldstärken im Nachrichtenbetriebsmeß- und Funkentstördienst sowie zur Messung kleinster Spannungen und Leistungen an Antennen eingesetzt werden. Außerdem ist der Einsatz von Verstärkervoltmetern zum Messen von Pegeln, von Dämpfungs- und Verstärkungswerten und zur Aufnahme von Durchlaßkurven an aktiven und passiven Vier- bzw. Zweipolen möglich. *Universalverstärkervoltmeter* werden dort eingesetzt, wo ein universeller Einsatz im Reparatur- und Überwachungsdienst keine große Meßgenauigkeit verlangt. Dieser Typ gestattet auch das Messen von reellen Widerständen mit breitem Meßbereich ($1\Omega \cdots 3000\,M\Omega$) und hinreichender Genauigkeit. Der universelle Einsatz wird durch eine Reihe von Zubehörteilen gewährleistet. Die den Gleichrichterteil enthaltenden sogenannten Tastköpfe gestatten ein Messen unmittelbar am Objekt. Sie sind steckbar ausgeführt, für verschiedene Frequenzbereiche vorgesehen und durch ein abgeschirmtes Kabel mit dem Gerät verbunden. Bei Bedarf können noch zusätzlich HF-Spannungsteiler und Hochspannungstastkopf Verwendung finden.

4.4. Spannungsmessung mit digitalen Verstärkervoltmetern

4.4.1. Meßverfahren

Zur Automatisierung und Rationalisierung von Prüf- und Meßvorgängen ist die digitale Meßwerterfassung eine der wichtigsten Voraussetzungen. Da die meisten Meßgrößen in analoger Form vorliegen, ist das Kernstück jedes digitalen Meßverfahrens die Umwandlung der analogen in eine digitale Meßgröße. Das wird im *Analog/Digital-Umsetzer* (A/D-U) realisiert.

Der A/D-U nimmt zum einen eine Quantisierung des analogen Signals vor. Die theoretisch unendliche Zahl möglicher Werte in einem Meßbereich $x_0, \ldots, x_n$ bei Vorliegen des analogen Signals wird auf eine endliche Zahl von Werten Δx, die verschiedenen Anzeigewerten entsprechen, beschränkt (Bild 4.18). Der Anzeigewert wird damit quantisiert. Ein bestimmter analoger Meßwert entspricht immer einer bestimmten Anzahl dieser Quanten.

Die Treppenkurve im Bild 4.18 soll das verdeutlichen. Verändert sich die analoge Größe x um eine Quantisierungseinheit Δx, erfolgt die Änderung des digitalen Anzeigewertes sprunghaft. Die Quantisierung erfolgt für gleiche Zeitintervalle.

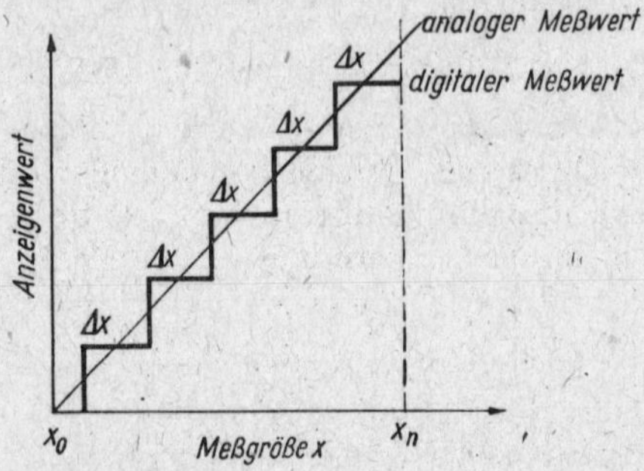

Bild 4.18. Quantisierung eines analogen Signals

Zum anderen erfolgt im A/D-U die *Kodierung* (Verschlüsselung) des Meßwertes. Der gewonnene Wert muß in das Dualsystem überführt werden. Meist wird ein tetradischer Kode verwendet, da der Dualkode aufwendiger und unübersichtlicher ist. Jede Ziffer im Dezimalsystem 0 bis 9 wird im Tetradenkode in vier Dualstellen (Tetrade) umgewandelt (z. B. Ziffer 4 = 0100 oder 9 = 1001). Die Dualstellen haben dabei die Wertigkeit 2^3 2^2 2^1 2^0.

Das am Ausgang des A/D-U liegende binär-tetradisch verschlüsselte Ergebnis wird einem elektronischen Zähler zugeführt. Er besteht u. a. aus einer bestimmten Anzahl von Zähldekaden, die sich nach der Anzahl der gewünschten Dezimalstellen des Ergebnisses richtet. Ferner enthält er die zugehörigen Speicherdekaden, die die binär-tetradische Information über logische Schaltungen ins Dezimale umsetzen, um anschließend die Ziffernanzeigeelemente anzusteuern. Während der Darstellungszeit ist das Ergebnis in den Speicherdekaden gespeichert und kann durch Anschließen eines entsprechenden Umsetzers an den Informationsausgängen auch von einem Drucker ausgedruckt werden. Eine Wiederholautomatik sorgt für den zeitlich richtigen Ablauf der Messung. Durch sie werden die Zähldekaden z. B. vor jeder Messung auf Null zurückgestellt.

Sollen Wechselspannungen gemessen werden, ist vor dem A/D-U eine Gleichrichterstufe notwendig. Meist ist auch vorher eine Verstärkung der Meßspannung erforderlich.

Die Baugruppen, die zur Umwandlung eines Wechselspannungssignals in ein Gleichspannungssignal dienen, werden allgemein als AC/DC-Wandler bezeichnet. (AC alternating current engl.: Wechselstrom und DC direct current engl.: Gleichstrom.)

4.4.2. Arten

Das beschriebene Meßverfahren gilt für alle Arten; wesentliche Unterschiede gibt es vor allem bei der Art des verwendeten A/D-U. Die hauptsächlichsten Digitalvoltmeter sind:

- Digitalvoltmeter mit Zwischenumwandlung in eine proportionale Zeit

Der A/D-U bildet aus der analogen Meßgröße als Zwischengröße ein Zeitintervall.

Bei der Analog/Digital-Umsetzung werden die beiden bereits erwähnten Vorgänge des Quantisierens und Kodierens von einem digitalen Zeitmesser ausgeführt. Vorzugsweise finden hierbei sogenannte Sägezahnumsetzer Verwendung.

- Digitalvoltmeter nach dem Kompensationsverfahren (auch Prinzip der Stufenverschlüsselung genannt)

Grundgedanke des A/D-U ist ein Spannungsvergleich.

Die zu messende Spannung wird mit einer bekannten Spannung in einer Kompensationsschaltung verglichen. Die im Gerät erzeugte Vergleichsspannung wird automatisch auf den Wert der zu messenden Spannung abgeglichen. Die Spannung wird auch hier nicht kontinuierlich gemessen, sondern in gestuften Meßfolgen abgetastet.

- Digitalvoltmeter nach dem Integrationsverfahren

Während bei den ersten beiden Meßgeräten zu bestimmten Zeiten Momentanwerte der Meßspannung gewonnen werden, wendet man hier ein Verfahren an, bei dem über einen relativ längeren Zeitraum Messungen vorgenommen werden können.

Das Ergebnis wird proportional dem arithmetischen Mittelwert der Spannung während der Meßdauer gebildet.

Überlagerte Störwechselgrößen bleiben dabei fast ohne Einfluß. Die Bildung eines solchen Mittelwertes über einem bestimmten Zeitintervall nennt man in Anlehnung an ein mathematisches Verfahren Integration.

4.4.3. Aufbau und Wirkungsweise

Digitalvoltmeter mit Zwischenumwandlung in eine proportionale Zeit

Das Digitalvoltmeter gestattet Messungen von positiven und negativen Gleichspannungen in vier Bereichen von $\pm 3 \cdots \pm 1000$ V. Die Auflösung beträgt $\pm 0{,}5$ mV. Die Darstellung des Meßwertes erfolgt in Form einer vierstelligen Ziffer mit Angabe der Polarität und des Kommas durch Ziffern und Zeichenanzeigeelemente. Das Gerät kann von einer einmaligen Messung mittels einer Wiederholautomatik auf einen sich wiederholenden Zyklus durch interne oder externe Triggerung umgeschaltet werden.

Der Übersichtsschaltplan wird im Bild 4.19 gezeigt. Im folgenden wird die vereinfachte Wirkungsweise der wichtigsten Funktionseinheiten dargestellt.

Der *Eingangsteiler* gestattet das Einschalten von vier Meßbereichen und zusätzlich das Anlegen von zwei im Gerät gebildeten Vergleichsspannungen (+3,000 V und −3,000 V) zur Durchführung eines Nullpunktvergleichs. Der Eingangswiderstand beträgt 1,25 MΩ im 3-V-Bereich und 10 MΩ in den anderen Meßbereichen.

Der *Analog/Digital-Umsetzer* (Spannungs/Zeit-Umsetzer) besteht aus Eingangsverstärker, Vergleichsspannungsgenerator und Komparator (Spannungsvergleicher). Das analoge Eingangssignal vom Eingangsteiler gelangt zunächst über einen Eingangsverstärker, der die Anpassung des Pegelbereichs an den des nachfolgenden Komparators vornimmt (vgl. Bild 4.20). Er ist als Operationsverstärker ausgeführt. Dies ist notwendig, weil Gleichspannungen beider Polaritäten am Eingang vorliegen können.

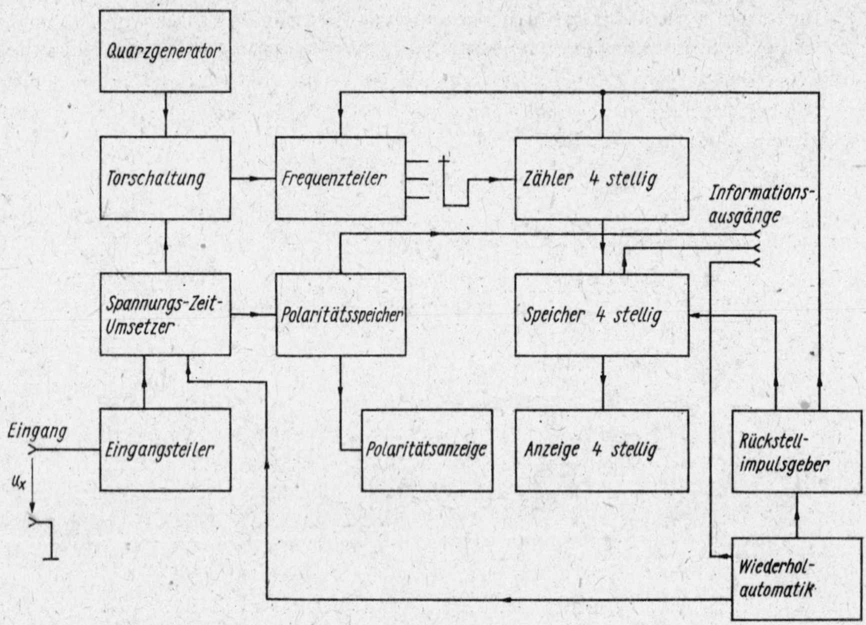

Bild 4.19. Übersichtsschaltplan eines Digitalvoltmeters

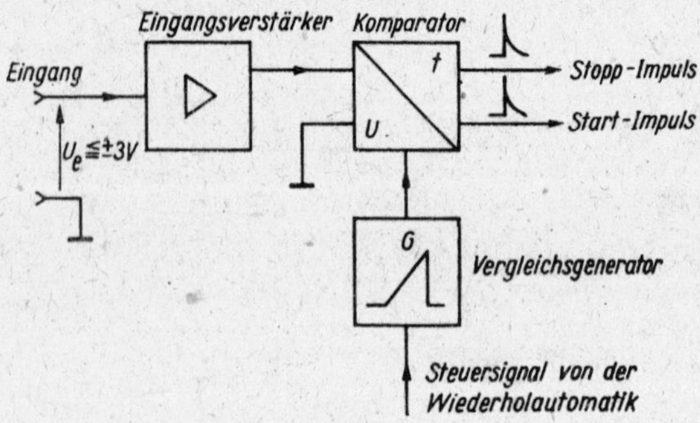

Bild 4.20. Übersichtsschaltplan des Analog/Digital-Umsetzers

Der *Komparator* vergleicht die vom Eingangsverstärker abgegebene Gleichspannung mit einer ihm gleichzeitig zugeführten hochlinearen Sägezahnspannung. Diese wird im Vergleichsspannungsgenerator erzeugt. Dieser *Sägezahngenerator* ist nicht selbstschwingend, sondern wird von der Wiederholautomatik angesteuert (getriggert). Meist wird das Prinzip der mitlaufenden Ladespannung zur Erzeugung der Sägezahnspannung verwendet, im angeführten Beispiel die Bootstrap-Kippschaltung.

Die Wirkungsweise des Komparators sollen die Bilder 4.21a bis f verdeutlichen. Dazu gehören die Zeitdiagramme der Spannungen an den einzelnen Punkten des Komparators.

Der Ansteuerimpuls für den Sägezahngenerator ist im Bild 4.21a, der Spannungsverlauf u_s des Sägezahngenerators im Bild 4.21b dargestellt. Gleichzeitig ist dort die Höhe der Eingangswechselspannung U_e (am Beispiel positiv) aufgetragen. Diese wird aus der Meßspannung gebildet und stellt die vom Eingangsverstärker abgegebene Spannung dar. Solange U_s negativer ist als die Spannung U_e, öffnet die Diode $V1$ des Komparators (Bild 4.22) nicht.

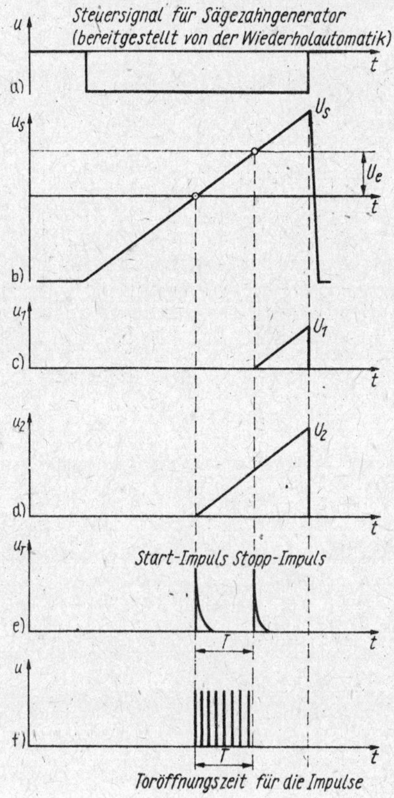

Bild 4.21. Zeitdiagramme am Analog/Digital-Umsetzer

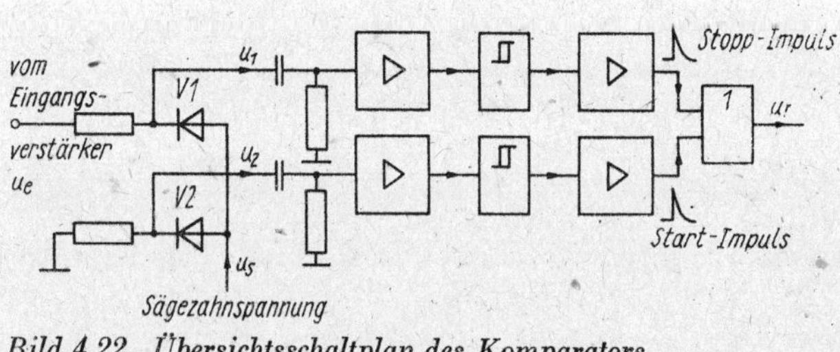

Bild 4.22. Übersichtsschaltplan des Komparators

Eine Spannung U_1 entsteht erst dann, wenn U_s positiver als die Spannung U_e wird (Bild 4.21c). Ebenso verhält sich die Diode $V2$. Sie markiert das Nullpotential (Bild 4.21d).

Beide Spannungen u_1 und u_2 verstärkt, steuern je einen *Schmitt-Trigger* an (Bild 4.22). Diese zwei Schaltungen erzeugen nach nochmaliger Verstärkung (Negation des Signals) einen *Startimpuls* in dem einen und einen *Stoppimpuls* in dem anderen Zweig. Am Ausgang der nun folgenden ODER-Schaltung (Bild 4.22) ergeben sich die beiden im Bild 4.21e gezeichneten Impulse u_T.

Damit ergibt sich, daß der Impulsabstand T von der verstärkten Meßspannung u_e abhängig ist. Ist die an Diode $V1$ liegende Eingangsspannung u_e negativer als das an Diode $V2$ liegende Nullpotential, liefert Diode $V1$ mit u_1 den Startimpuls und Diode $V2$ mit u_2 den Stoppimpuls.

Wie der Übersichtsschaltplan (s. Bild 4.19) zeigt, werden Start- und Stoppimpuls einer Torschaltung zugeführt. Diese öffnet in der Zeit T (s. Bild 21f) und läßt eine bestimmte Anzahl von Impulsen des Quarzgenerators das Tor passieren. Die Sinusschwingungen des Quarzgenerators werden vorher in Impulse umgewandelt. Die durch das Tor gelangten 1500-kHz-Impulse werden durch einen Frequenzteiler im Verhältnis 4 :1 (375 kHz), 2 :1 (750 kHz) und 1 :1 (1500 kHz) geteilt. Die Wahl des Teilungsverhältnisses kann von außen am Gerät vorgenommen werden. Dadurch erreicht man eine Änderung der Ziffernfolge bei der Anzeige.

Nach dieser Frequenzteilung gelangt die Impulsfolge in den Zähler. Da bei diesem Typ vier Dezimalstellen angezeigt werden, besteht er aus vier *Zähldekaden* mit den zugehörigen vier Speicherdekaden. Jede Zähldekade besteht aus vier bistabilen Kippstufen.

Zu Beginn des Zählvorgangs werden über einen Rückstellimpulsgeber (von der Wiederholautomatik angesteuert) alle Kippstufen in eine bestimmte Lage, die der Ziffer 0 entspricht, geschaltet. Nach beendeter Meßzeit übernehmen die *Speicherdekaden* das Meßergebnis der Zähldekaden. Die Speicherdekaden bringen jeweils eine der Ziffern 0 bis 9 der Ziffernanzeigeelemente zum Aufleuchten.

Entsprechend dem Übersichtsschaltplan (s. Bild 4.19) gibt der Komparator des Spannungs-Zeit-Umsetzers den Start- und Stoppimpuls auch an den Eingang des Polaritätsspeichers. Bei Polaritätsänderung sind Start- und Stoppimpuls an den beiden Ausgängen des Spannungs-Zeit-Umsetzers vertauscht. Der *Polaritätsspeicher* enthält eine bistabile Kippstufe. Diese kippt in eine der jeweiligen Polarität entsprechende Lage. Für die Polaritätsanzeige wird damit ein Zeichenanzeigeelement angesteuert.

Nach Angaben des Herstellers ergibt sich die an den Ziffernanzeigen vorhandene Ziffernfolge b zu

$$b = \frac{vf}{npS} U; \qquad (4.3)$$

U Meßspannung
n Teilerverhältnis des Eingangsteilers
v Verstärkung des Eingangsverstärkers
S Steilheit der Spannung des Sägezahngenerators
f Frequenz des Quarzgenerators
p Teilerverhältnis des Frequenzteilers.

Im 3-V-Bereich sind $n = 1:1$, $v = 8$, $S = 3 \cdot 10^3$ V/s, $f = 1{,}5$ MHz. Bei der Wahl von $p = 4:1$ ergibt sich

$$b = \frac{8 \cdot 1500 \cdot 10^3 \cdot \mathrm{s}^{-1}}{1 \cdot 4 \cdot 3 \cdot 10^3\ \mathrm{V} \cdot \mathrm{s}^{-1}} \cdot U$$

$$b = 10^3 \frac{1}{\mathrm{V}} \cdot U$$

und bei einer Meßspannung von z. B. $U = 1203$ mV die Ziffernfolge

$$b = 10^3 \frac{1}{\mathrm{V}} \cdot 1{,}203\ \mathrm{V} = 1203.$$

Es läßt sich das Zeitintervall für Messungen von 500 ms ···7 s einstellen. Man nennt diese Zeit auch Darstellzeit. Nach deren Ablauf wird die Messung periodisch wiederholt, wenn auf interne Triggerung der Wiederholautomatik geschaltet ist. Ein Auslösen der Darstellzeit ist außerdem durch Fremdtriggerung oder von Hand mit Taste möglich.

Digitalvoltmeter nach dem Kompensationsverfahren

Die Messung einer unbekannten Spannung U_x nach dem Kompensationsverfahren (Bild 4.23) durch Spannungsvergleich mit einer bekannten Normalspannung U_n ist bekannt. Die Spannungsgleichheit wird am Potentiometer eingestellt und ist dann erreicht, wenn durch das Instrument kein Strom mehr fließt. Nach diesem Grundprinzip arbeitet dieses Digitalvoltmeter. Die Feststellung der Spannungsgleichheit erfolgt durch einen elektronischen Spannungsvergleicher, den Komparator. Er stellt eine Entscheidungsstufe dar.

Nach Feststellung der Polarität erfolgt der Abgleich automatisch durch in bestimmter zeitlicher Reihenfolge festgelegtes Zu- und Abschalten von Widerständen, die einen genau definierten, binär-tetradisch abgestuften Betrag der Vergleichsspannung liefern. Die Schaltvorgänge erfolgen durch Transistorschaltstufen.

Das Wirkungsprinzip zeigt Bild 4.24. Die elektronischen Schaltstufen sind zur Veranschaulichung durch mechanische Schaltkontakte ersetzt.

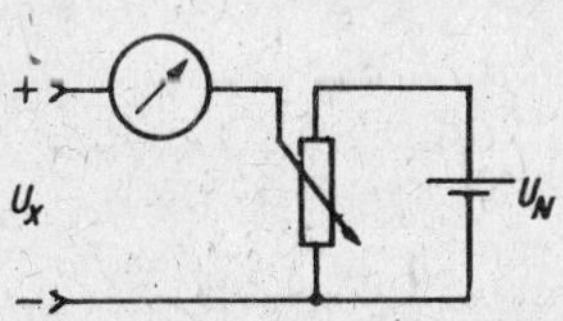

Bild 4.23. Spannungsmessung nach dem Kompensationsverfahren

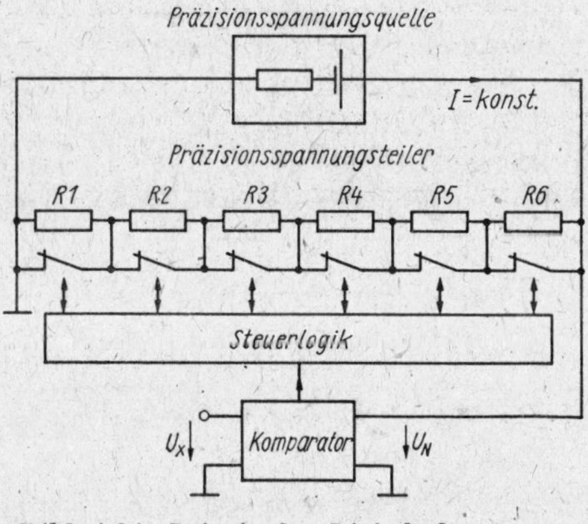

Bild 4.24. Prinzip des Digitalvoltmeters nach dem Kompensationsverfahren

Durch den Vergleich im Komparator wird festgestellt, ob durch Einschalten des jeweiligen Widerstands die Vergleichsspannung größer oder kleiner als die unbekannte Spannung ist. Ergibt das Einschalten eines Widerstands eine zu große Vergleichsspannung, wird er wieder ausgeschaltet. Im Bild 4.25 wird angenommen, daß eine Spannung von 35 V zu messen sei. Die zunächst eingeschaltete Spannung habe die Wertigkeit 80.

Es wird nun die nächstkleinere Stufe mit der Wertigkeit 40 eingeschaltet. Die Entscheidungslogik stellt fest, daß sie wiederum noch zu groß ist. Sie wird daher wieder abgeschaltet. Die Stufe mit der Wertigkeit 20 bleibt schließlich bestehen, da der Komparator feststellt, daß dieser Wert zu klein ist. Es wird nun der nächstgrößere Wert dazugeschaltet, nämlich die Wertigkeit 10. Der dann als nächstes zugeschaltete Wert 8 ist zu groß; er wird daher wieder abgeschaltet, und der Wert 4 wird angelegt. Auf diese Weise nähert man sich immer

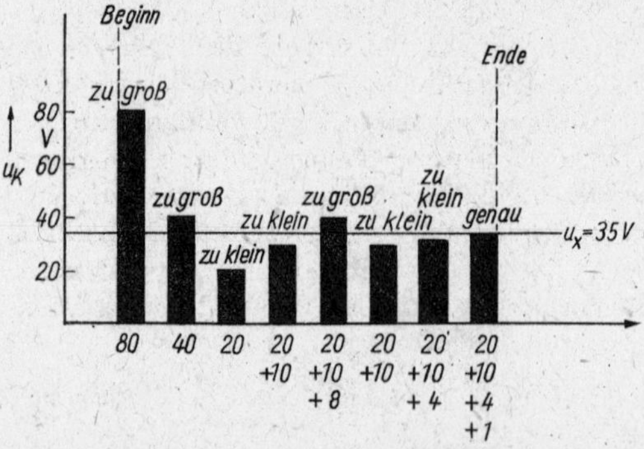

Bild 4.25. Ablauf des Meßvorgangs beim Kompensationsverfahren

mehr der unbekannten Spannung, bis nur noch die vorgegebene zulässige Abweichung vom tatsächlichen Wert bleibt. Dann wird der Meßvorgang durch den Komparator beendet.

Die *Abstufung der Widerstände* erfolgt nach einem Kode, z, B. mit der Wertigkeit 1 – 2 – 4 – 8. Bild 4.25 zeigt das Zusammensetzen des Wertes 35:

$$\begin{aligned} 35 &= 10^0(1\cdot 2^0 + 0\cdot 2^1 + 1\cdot 2^2 + 0\cdot 2^3) \\ &\quad + 10^1(1\cdot 2^0 + 1\cdot 2^1 + 0\cdot 2^2 + 0\cdot 2^3) \\ &= 1(1 + 0 + 4 + 0) + 10\,(1 + 2 + 0 + 0) \\ &= 1 + 4 + 10 + 20. \end{aligned}$$

Der Meßwert ist nun in der bistabilen Kippstufe binär-tetradisch gespeichert.

Die Ausgänge dieser Kippstufe sind über Dekodiereinrichtungen mit Ziffernanzeigeelementen verbunden, die das Ergebnis in dekadischer Ziffernfolge abzulesen gestatten. Ein vereinfachter Übersichtsschaltplan wird im Bild 4.26 gezeigt.

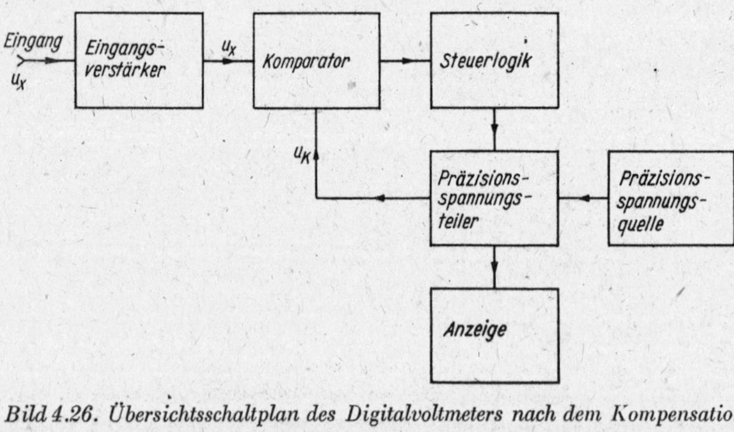

Bild 4.26. Übersichtsschaltplan des Digitalvoltmeters nach dem Kompensationsverfahren

Digitalvoltmeter nach dem Integrationsverfahren

Das Grundprinzip hat Ähnlichkeit mit dem Digitalvoltmeter mit Zwischenumwandlung in eine proportionale Zeit. Ein Sägezahnumsetzer bildet ein Zeitintervall, das die Öffnungszeit einer Torschaltung bestimmt. Aus dem Bild 4.27a wird deutlich, daß die Zeit Δt durch den Schnittpunkt der Sägezahnspannung mit der Vergleichsspannung U_V festgelegt wird. Die Anzahl der in dieser Zeit Δt das Tor passierenden Impulse des Normalfrequenzgenerators wird gezählt.

Der Unterschied zum Digitalvoltmeter mit Zwischenumwandlung in eine proportionale Zeit besteht darin, daß die Sägezahnspannung u_s durch Integration der Meßspannung u_x gebildet wird, d. h., die Größe von u_x bestimmt den Anstiegswinkel des Sägezahns. Indem sich ein anderer Schnittpunkt der Spannung u_s mit der Vergleichsspannung U_V ergibt, wird die Zeit Δt verändert. Die Verhältnisse zeigt Bild 4.27b für zwei verschiedene U_x, die zwei verschiedene Zeiten Δt ergeben.

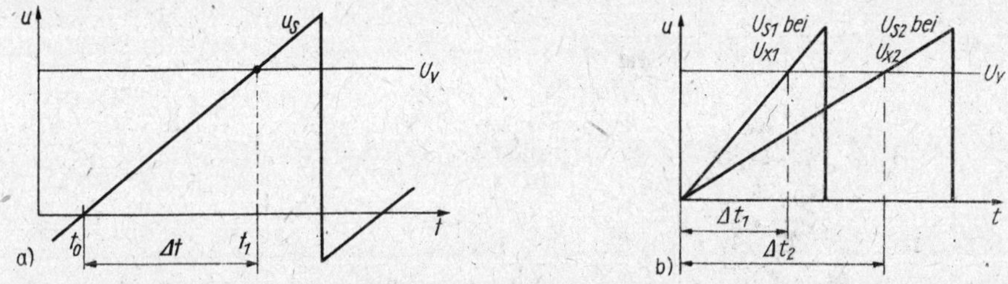

Bild 4.27. Bildung des Zeitintervalls beim Integrationsverfahren
a) für eine Meßspannung; b) für zwei verschiedene Meßspannungen

Den stark vereinfachten Übersichtsschaltplan des Digitalvoltmeters nach dem Integrationsverfahren zeigt Bild 4.28.

Als *Sägezahngenerator* wird ein elektronischer Integrator oder Integrationsverstärker eingesetzt. Er kann mit einem Millerintegrator, einer Bootstrap-Kippschaltung oder mit einem Operationsverstärker realisiert werden. Die letztere Art ist die modernste Schaltungsform. Dazu wird die im Bild 4.29 dargestellte Grundschaltung verwendet.

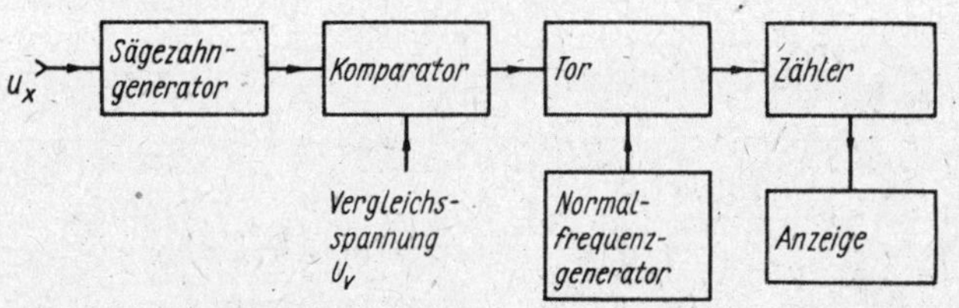

Bild 4.28. Übersichtsschaltplan des Digitalvoltmeters nach dem Integrationsverfahren

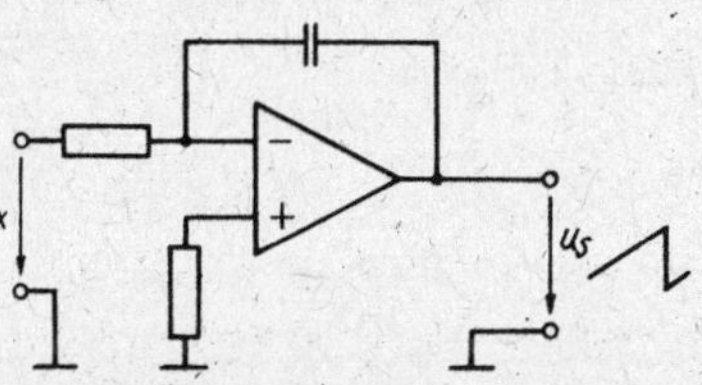

Bild 4.29. Elektronischer Integrator mit Operationsverstärker

Der Vorteil dieses Digitalvoltmeters besteht darin, daß der Anstieg der Sägezahnspannung u_s aus der Integration des arithmetischen Mittelwertes der unbekannten Spannung u_x während der Meßzeit gebildet wird. Liegen am Eingang des Gerätes während der Meßzeit gleichzeitig Störspannungen an, wird dadurch der arithmetische Mittelwert der Meßspannung u_x kaum beeinflußt. Auch schwankende Meßspannungswerte stören infolge der Mittelwertbildung den angezeigten Wert wenig.

Gegenüber diesem hier geschilderten Verfahren der einfachen Integration, wird bei Digitalvoltmetern der dritten Generation meist das Prinzip der *Doppelintegration* angewendet. Man findet als wichtigste Baugruppe auch hier den Integrationsverstärker vor.

Bild 4.30 soll das Prinzip vereinfacht wiedergeben. Legt man an den Integrationsverstärker die Eingangsspannung u_x, entsteht am Ausgang eine mit der Zeit linear ansteigende Spannung (Bild 4.31), wobei der Anstieg dieser Spannungskurve über der Integrationszeit T_i proportional der am Eingang liegenden

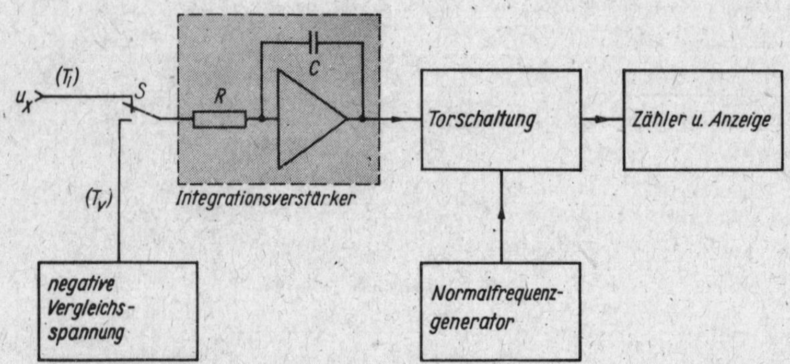

Bild 4.30. Übersichtsschaltplan des Digitalvoltmeters nach dem Verfahren der Doppelintegration (vereinfacht)

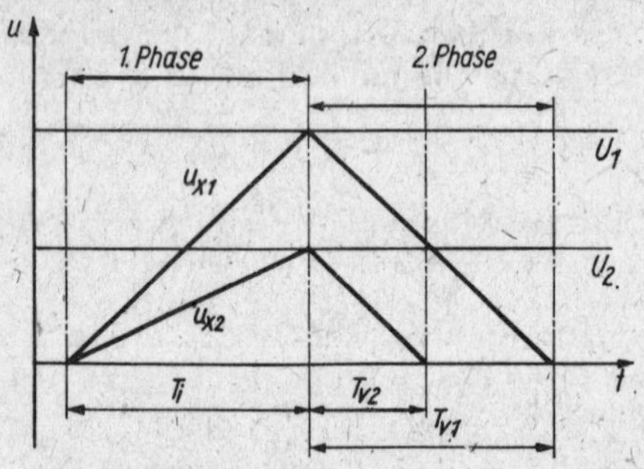

Bild 4.31. Spannungsverlauf bei der Doppelintegration

Meßspannung u_x ist. Die Zeit T_i bleibt bei allen Messungen konstant. Die Ausgangsspannung des Integrationsverstärkers muß wieder in ein digitales Signal umgesetzt werden. Dazu ist die Speicherkapazität C des Integrators durch eine gegenüber der Eingangsspannung negative Spannung linear zu entladen. Während dieser Vergleichszeit T_v zählt ein Zähler die Zahl der jetzt über ein Tor gelangenden Impulse eines Normalgenerators. Die Entladezeit T_v ist abhängig von der Höhe der Ladespannung und diese wiederum vom Anstieg des Kurventeils während T_i. Wird die Zeit T_v gemessen, liegt das Ergebnis digital vor. Im Bild 4.31 sind zum Vergleich zwei verschiedene Spannungen $u_{x1} > u_{x2}$ aufgezeichnet. Wie ersichtlich, wird auch $T_{v1} > T_{v2}$.

4.4.4. Anwendung

Wie die vorausgegangenen Betrachtungen gezeigt haben, ist der ökonomisch-technische Aufwand beim Digitalvoltmeter höher als beim analogen Verstärkervoltmeter. Daher ist der Einsatz des Digitalvoltmeters vor allem dort gerechtfertigt, wo eine *Teilautomatisierung von Meßvorgängen*, einschließlich der Durchführung von Meßreihen, und eine weitere Informationsverarbeitung des Meßergebnisses volkswirtschaftlichen Nutzen erbringen und zeitraubende Routinemessungen vermieden werden.

Sollen beispielsweise elektrische Kenngrößen von Halbleiterbauelementen gemessen werden, kann man die zu messende Spannung einer großen Anzahl von Bauelementen durch einen Meßstellenumschalter nacheinander an den Eingang des Digitalvoltmeters legen. An den Ausgang wird über einen Meßwertumsetzer ein Streifendrucker gelegt, der die Meßwerte automatisch registriert. Außerdem kann noch ein Sortierzusatz dieses automatisch arbeitende Meßgerätesystem vervollständigen. Die angeführten drei Grundtypen werden je nach gewünschter Genauigkeit der Messung angewendet. Geräte des ersten Typs erreichen bei relativ geringem Aufwand mittlere Meßgenauigkeiten von 0,5···0,05 %, solche der zweiten Art 0,05···0,01 %. Der Vorteil des dritten Prinzips liegt vor allem in der weitgehenden Unterdrückung von Störwechselspannungen. Die Genauigkeit des Wechselspannungs-Digitalvoltmeters ist infolge der Gleichrichtung nicht so hoch.

Wie beim analogen Verstärkervoltmeter bereits erwähnt, muß auch beim Digitalvoltmeter zum Messen einer beliebigen elektrischen Größe diese in eine proportionale Spannung umgewandelt werden. Prinzipiell läßt sich auch jede nichtelektrische Größe digital messen, sofern ein entsprechender Wandler vorhanden ist.

4.5. Pegelmaße

4.5.1. Allgemeines

In der Technik der Nachrichtenübertragung findet man neben den Angaben der Spannungen, Ströme und Leistungen in absoluten Werten (z. B. gemessene Spannung in Volt, bezogen auf Massepunkt) zunehmend auch die Angabe in Pegelwerten. Dazu werden die sogenannten *Pegelmaße* verwendet. Neuerdings erfolgt fast ausschließlich die Angabe dieser Pegelwerte in Dezibel (dB). Früher war auch die Bezeichnung Neper (Np) üblich. Die Angabe in Pegelmaßen hat sich deshalb durchgesetzt, weil sich bestimmte Vorteile ergeben. Bei vielen Skalen von Meßgeräten findet man neben absoluten Spannungswerten auch die Angabe in Dezibel. Es handelt sich bei dem Pegelmaß in Dezibel um ein Spannungs-, Strom- oder Leistungsverhältnis in einer auf dem Briggschen Logarithmus (Basis 10) beruhenden Angabe.

Die Angabe *Pegel* bedeutet allgemein, daß die Meßgröße auf einen bestimmten Wert bezogen ist.

Zur Erklärung soll von einem Beispiel ausgegangen werden. In einer Nachrichtenübertragungskette sind neben Verstärkerbaugruppen auch solche Bauelementekombinationen enthalten, die die Größe des Signals verringern oder bedämpfen.

Im Bild 4.32 ist schematisch eine solche Nachrichtenübertragungsstrecke dargestellt.

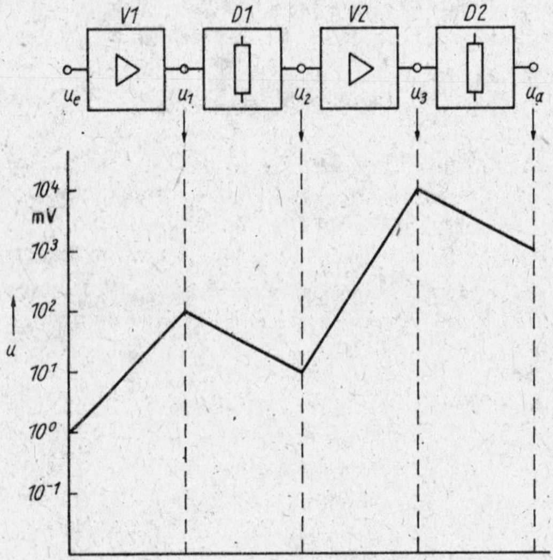

Bild 4.32. Pegeldiagramm einer Nachrichtenübertragungsstrecke

Zur Vereinfachung seien folgende Werte angenommen:

Eingangsspannung $u_e = 1$ mV

Verstärkung im Verstärker $V1$ mit $v_1 = \frac{u_1}{u_e} = 100$

Dämpfung im Dämpfungsglied $D1$ mit $D_1 = \frac{u_1}{u_2} = 10$

Verstärkung im Verstärker $V2$ mit $v_2 = 1000$

Dämpfung im Dämpfungsteil $D2$ mit $D_2 = 10$.

Verstärkung bedeutet eine Spannungserhöhung, aber die Dämpfung eine Spannungsabsenkung. Im Bild 4.32 sind gleichzeitig die absoluten Spannungswerte am Ein- und Ausgang der Übertragungsglieder aufgetragen und die erhaltenen Punkte durch Geraden verbunden. Auf diese Weise erhält man ein Pegeldiagramm. Die Spannungsachse wurde mit Zehnerpotenzangaben versehen und zweckmäßigerweise logarithmisch geteilt. Es sind dabei ferner gleiche Eingangs- und Ausgangswiderstände der einzelnen Übertragungsglieder vorausgesetzt.

Als Gesamtverstärkung ergibt sich im vorliegenden Fall:

$$v = v_1 \frac{1}{D_1} v_2 \frac{1}{D_2} = 100 \cdot \frac{1}{10} \cdot 1000 \cdot \frac{1}{10} = 1000.$$

Bei Verwendung der logarithmischen Rechnung würde man dagegen nur zu addieren oder zu subtrahieren brauchen:

$$\lg v = \lg v_1 - \lg D_1 + \lg v_2 - \lg D_2$$
$$\lg v = \lg 100 - \lg 10 + \lg 1000 - \lg 10 = 2 - 1 + 3 - 1 = 3$$
$$\lg v = 3,$$

daraus folgt

$$v = 1000.$$

4.5.2. Pegelmaße in Dezibel (dB)

Die Pegelangabe ist nicht nur auf die Nachrichtenübertragung beschränkt, sondern hat sich in der gesamten Meßtechnik durchgesetzt.

Da es sich bei den Pegelmaßen grundsätzlich um die Angabe eines Leistungs-, Spannungs- oder Stromverhältnisses handelt, ist der Zahlenwert dimensionslos. Um aber den Pegel bei Verwendung der Briggschen Logarithmen deutlich machen zu können, führte man die Bezeichnung Bel ein (genannt nach dem Miterfinder des Telefons *Graham Bell*).

Ein Bel ist das Verhältnis zweier sich wie 10 : 1 verhaltenden Leistungen:

$$P_1 : P_2 = 10 : 1$$

Damit ergibt sich für den Pegel p folgende Schreibweise:

$$p = \lg \frac{P_1}{P_2} \text{ in B.} \tag{4.1}$$

Das Dezibel (dB) ist der zehnte Teil eines Bel. Wird der Pegel in dB angegeben, ist dies das Zehnfache des Wertes in Bel. Demnach ergibt sich

$$p = 10 \lg \frac{P_1}{P_2} \text{ in dB.} \tag{4.2}$$

Um den Spannungspegel daraus zu erhalten, setzt man für die Leistungen

$$P_1 = \frac{U_1^2}{R_1} \quad \text{und} \quad P_2 = \frac{U_2^2}{R_2}.$$

Es gilt dann für den Spannungspegel

$$p = 10 \cdot \lg \frac{U_1^2}{R_1} \cdot \frac{R_2}{U_2^2}.$$

Wenn $R_1 = R_2$ ist, gilt

$$p = 10 \lg \left(\frac{U_1}{U_2}\right)^2 = 10 \left(2 \cdot \lg \frac{U_1}{U_2}\right)$$

$$\boxed{p = 20 \lg \frac{U_1}{U_2} \text{ in dB.}} \tag{4.3}$$

Analog kann für den Strompegel abgeleitet werden:

$$p = 20 \lg \frac{I_1}{I_2} \text{ in dB.} \tag{4.4}$$

Da in Dezibel vorwiegend Spannungsverhältnisse angegeben werden, lassen sich folgende *Orientierungswerte* gut einprägen:

Spannungsverhältnis 2 : 1 = 6 dB
10 : 1 = 20 dB
100 : 1 = 40 dB
1000 : 1 = 60 dB.

Daraus kann man ableiten:

$$20 : 1 = 2 \cdot 10 : 1 = 6\ \text{dB} + 20\ \text{dB} = 26\ \text{dB}$$
$$200 : 1 = 2 \cdot 100 : 1 = 6\ \text{dB} + 40\ \text{dB} = 46\ \text{dB}.$$

Der Bezugspunkt, auf den sich z. B. das Spannungsverhältnis bezieht, kann unterschiedlich sein.

So kann sich die Angabe der Spannung auch auf einen bestimmten Punkt der Schaltung beziehen, wenn man z. B. das Verhältnis von Nutz- zu Störspannung am Eingang eines Gerätes oder die Verstärkungsschwankung in Abhängigkeit von der Frequenz bei einem Verstärkerausgang (Durchlaßkurve) messen will. Solche Durchlaßkurven werden auch meistens auf logarithmisch geteiltem Millimeterpapier dargestellt.

Bei dieser Angabe spricht man vom *relativen Pegel.*

Beispiele

1. Bei unterer und oberer Grenzfrequenz eines Verstärkers ist die Verstärkung auf den Wert $1/\sqrt{2} = 0{,}707$ gefallen. Welchem Spannungsverhältnis in dB entspricht das?

Gegeben: Verstärkungsdifferenz: 0,707 *Gesucht:* p

Lösung:

Nimmt man den Bezugswert als 1 an, ergibt sich ein Spannungsverhältnis $1 : \frac{1}{\sqrt{2}}$. Das entspricht

$$p = 20 \lg \sqrt{2} = 20 \cdot \frac{1}{2} \lg 2 = 10 \cdot 0{,}3010 = 3{,}01$$
$$p \approx 3\ \text{dB}.$$

2. Bei einem UKW-Empfänger wird die Empfindlichkeit mit einer Eingangsspannung von 10 µV bei einem Nutz-Rauschspannungsabstand von 26 dB angegeben. Welchem Spannungsverhältnis entspricht das, und wie groß ist die zulässige Rauschspannung?

Gegeben: $u_e = 10\ \mu\text{V}$ *Gesucht:* $\frac{U_1}{U_2}$

Nutz-Rauschspannungsabstand = 26 dB U_{Rausch}

Lösung:

$$p = 20 \lg \frac{U_1}{U_2} = 26\ \text{dB}$$

$$26 = 20 \lg \frac{U_1}{U_2}$$

$$\lg \frac{U_1}{U_2} = \frac{26}{20} = 1{,}3.$$

Es wird nun der Numerus zum lg 1,3 in der Tabelle aufgesucht. Man erhält angenähert den Wert 20.

Damit wird $\frac{U_1}{U_2} = 20$, d. h., das Spannungsverhältnis ist 20 : 1. Die vorhandene Rauschspannung ergibt sich zu $\frac{10\,\mu\text{V}}{20} = 0{,}5\,\mu\text{V}$.

Es ist auch üblich, neben dem relativen Pegel p den *absoluten Pegel* zu verwenden. Dabei bezieht man die Größen auf bestimmte festgelegte Werte, die unabhängig vom vorliegenden technischen System sind.

Es wurde festgelegt:

Gibt ein Generator mit einem $R_i = 600\,\Omega$ an einen gleich großen $R_a = 600\,\Omega$ eine Leistung von 1 mW ab, dann liegt an den Klemmen des Generators der Bezugswert U_0 (Bild 4.33). Man erhält U_0 aus

$$P_0 = \frac{U_0^2}{R_a} \tag{4.5}$$

zu

$$U_0 = \sqrt{P_0 R_a}$$

$$U_0 = \sqrt{1 \cdot 10^{-3}\,\text{V} \cdot \text{A} \cdot 600\,\frac{\text{V}}{\text{A}}}$$

$$U_0 = 0{,}775\ \text{V}.$$

Für den absoluten Spannungspegel p_u ergibt sich

$$p_u = 20\lg\frac{U}{U_0} = 20\lg\frac{U}{0{,}775\ \text{V}}\ \text{in dB}.$$

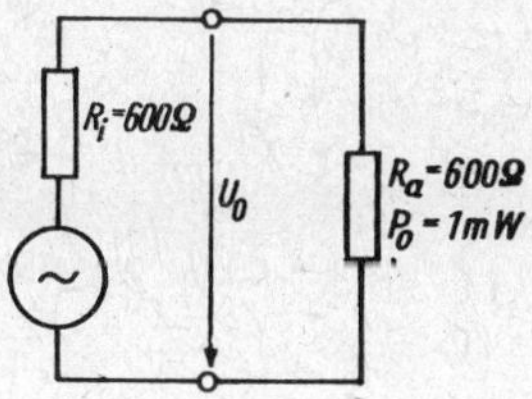

Bild 4.33. Meßschaltung zur Ermittlung des absoluten Pegels

Wird der Leistungspegel verwendet, ist folgende Rechnung durchzuführen:

$$p = 10\lg\frac{P}{P_0} \quad \text{für } P = \frac{U^2}{R} \text{ eingesetzt,}$$

ergibt

$$p = 10\lg\left(\frac{U^2}{R}\,\frac{R_0}{U_0^2}\right) = 10\lg\left[\left(\frac{U}{U_0}\right)^2\left(\frac{R_0}{R}\right)\right]$$

$$p = 20\lg\frac{U}{U_0} + 10\lg\frac{R_0}{R};$$

für $20\lg\frac{U}{U_0} = p_u$ eingesetzt, folgt

$$\boxed{p = p_u + 10\lg\frac{R_0}{R}}; \tag{4.6}$$

R_0 Bezugswiderstand 600 Ω — R Widerstand, über den der Pegel berechnet werden soll.
p absoluterLeistungspegel — p_u absoluter Spannungspegel

Wenn $R = R_0$, dann ist $p = p_u$.

Die Skale zeigt dann bei einer Spannung von 0,775 V den Wert 0 dB. Pegelwerte über 0,775 V werden mit positivem Vorzeichen, Werte unter 0,775 V mit negativem Vorzeichen versehen.

In der Nachrichtentechnik werden aber auch noch andere Bezugswerte verwendet. So bezieht man unmodulierte HF-Signale (z. B. die HF-Empfindlichkeit von Rundfunkempfängern) bei der Leistung auf den Bezugswert von 1 pW [abgekürzt dB (pW)] bzw. 1 mW [abgekürzt dB (mW)] sowie bei der Spannung auf den Bezugswert 1μV [abgekürzt dB (μV)].

Will man bei der Pegelangabe im Leistungsverhältnis die Spannung errechnen, dann ist der Widerstand zu berücksichtigen.

Beispiel

Als rauschbegrenzte Empfindlichkeit eines UKW-Empfängers ist in der technischen Unterlage —9 dB (pW) angegeben.

Der Bezugswert ist demnach 1 pW. Das ergibt folgende Leistung:

Gegeben: Empfindlichkeit $p = -9$ dB (pW) *Gesucht:* P, U
Bezugswert = 1 pW

Lösung:

$$p = 10 \lg \frac{P/\text{pW}}{1\,\text{pW}} = -9\ \text{dB}$$

$$10 (\lg P - \lg 1) = -9\ \text{dB}$$

$$\lg P = -\frac{9}{10} = -0{,}9.$$

P ist der Numerus von — 0,9. Der Numerus (0,1—1) ergibt $P = 1{,}26 \cdot 10^{-1}$ pW = 0,126 pW.

An $R = 240\ \Omega$ ergibt sich eine Spannung von

$U = \sqrt{PR} = \sqrt{0{,}126 \cdot 10^{-12}\ \text{V} \cdot \text{A} \cdot 240\ \ \text{V} \cdot \text{A}^{-1}}$

$U = 5{,}5 \cdot 10^{-6}\ \text{V} = 5{,}5\ \mu\text{V}.$

In der Nachrichtentechnik wurde früher das Pegelmaß vorwiegend in *Neper*-(Np) angegeben. Das Pegelmaß in Neper hat den natürlichen Logarithmus (ln) als Grundlage.

Es gilt

für den Spannungspegel $p = \ln \frac{U_1}{U_2}$ in Np

für den Strompegel $p = \ln \frac{I_1}{I_2}$ in Np

für den Leistungspegel $p = \frac{1}{2} \ln \frac{P_1}{P_2}$ in Np.

Einige Zeit werden noch in Np-Angaben kalibrierte Meßgeräte verwendet werden. Deshalb kommt der Umrechnung besondere Bedeutung zu.

1 Np = 8,686 dB

Die folgende Tafel soll einige Werte gegenüberstellen (Tafel 4.1).

Spannung V	Spannungspegel dB	Spannungspegel Np
0	$-\infty$	$-\infty$
0,109	-17	$-1,96$
0,388	-6	$-0,69$
0,775	± 0	± 0
1,546	$+6$	$+0,69$
3,084	$+12$	$+1,38$
5,484	$+17$	$+1,96$

Tafel 4.1. Gegenüberstellung der Pegelmaßeinheiten

4.6. Pegelmesser

4.6.1. Meßverfahren

Der Pegelmesser arbeitet nach dem gleichen Wirkprinzip wie ein Verstärkervoltmeter. Soll ein Wechselspannungspegel gemessen werden, erfolgt nach dem Verstärken des Signals die Gleichrichtung und seine Anzeige an einer in dB geeichten Skale eines Drehspulmeßinstruments. Der Wechselspannungsverstärker ist ein Breitbandverstärker. Der Frequenzbereich liegt zwischen 20 Hz und 1 MHz.

Beim Messen des Pegels eines Gleichspannungssignals wird die Meßspannung einem Gleichspannungsverstärker zugeführt. Dieser ist als Differenzverstärker ausgeführt. Danach erfolgt die Anzeige.

4.6.2. Aufbau und Wirkungsweise eines Pegelmessers

Bild 4.34 zeigt den vereinfachten Übersichtsschaltplan eines Breitbandpegelmessers. Das Gerät ist volltransistorisiert. Der Eingangspegel gelangt über einen Spannungsteiler mit einer definierten Dämpfung an die beiden Eingänge des

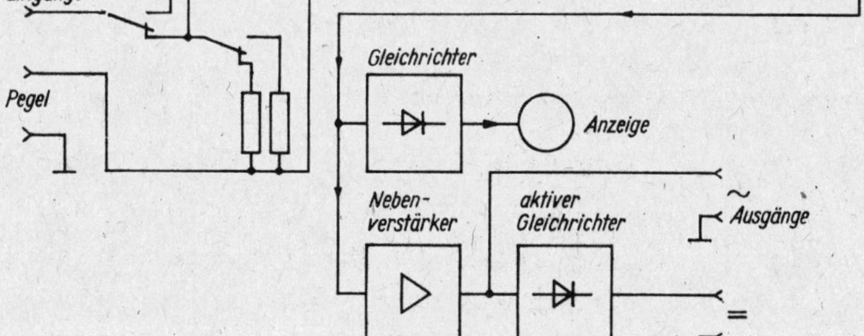

Bild 4.34. Übersichtsschaltplan eines Breitbandpegelmessers

Differenzverstärkers. Nach einer nochmaligen definierten Dämpfung in einem Spannungsteiler wird dem dreistufigen *Anzeigeverstärker* eine Spannung zugeführt, die vom jeweiligen eingeschalteten Bereich abhängig ist. Danach erfolgt die *Gleichrichtung* des Signals in einer Brückenschaltung und die Anzeige des Meßwertes am Instrument. Am Ausgang können außerdem Kopfhörer, Oszilloskop usw. angeschlossen werden. Dafür ist ein separater Verstärker vorgesehen. Der Pegelmesser wird vorzugsweise für breitbandige und symmetrische Messungen an Rundfunkübertragungseinrichtungen und Fernmeldesystemen eingesetzt. In Verbindung mit einem *Pegelsender* kann man mit dem Pegelmesser außerdem Verstärkungs-, Dämpfungs- und Scheinwiderstandsmessungen durchführen.

Aufgaben

4.1. Erläutern Sie den Unterschied zwischen analoger und digitaler Meßwertanzeige!
4.2. Nennen Sie die Funktionsgruppen bei analogen Verstärkervoltmetern!
4.3. Wodurch unterscheiden sich die einzelnen Arten analoger Verstärkervoltmeter untereinander?
4.4. Welche Forderungen muß ein Gleichspannungsverstärker erfüllen?
4.5. Was versteht man unter einem Differenzverstärker?
4.6. Erläutern Sie anhand der Gleichrichterkennlinie die *A*-, *B*- und *C*-Gleichrichtung!
4.7. Erläutern Sie unter Berücksichtigung der Vor- und Nachteile den ökonomischen Einsatz von Verstärkervoltmetern und deren hauptsächlichste Anwendungsgebiete!
4.8. Welche Aufgabe hat ein Analog/Digital-Umsetzer bei digitalen Verstärkervoltmetern?
4.9. Welche Arten von Digitalvoltmetern kennen Sie?
4.10. Erläutern Sie am Bild 4.19 die prinzipielle Wirkungsweise eines Digitalvoltmeters!
4.11. Beschreiben Sie die prinzipielle Wirkungsweise eines Digitalvoltmeters nach dem Kompensationsverfahren!
4.12. Welche Vorteile ergeben sich bei der Verwendung der Pegelmaße?
4.13. Beschreiben Sie die Wirkungsweise eines Pegelmessers!

5. Frequenzmeßverfahren

5.1. Einteilung

Welches Verfahren aus der Vielzahl der bestehenden Frequenzmeßverfahren für jede einzelne Meßaufgabe auszuwählen ist, richtet sich

- nach der Größe der zu messenden Frequenz
- nach der zulässigen Meßunsicherheit.

Es können sowohl sinusförmige Schwingungen als auch nichtsinusförmige, wie z. B. Rechteckimpulsfolgen, vorliegen. Die Größe der zu messenden Frequenz reicht von wenigen Hertz bis zu mehreren Gigahertz.

Eine Frequenz kann nach folgenden Meßverfahren ermittelt werden:

- Resonanzverfahren
- Frequenzvergleichsverfahren
- Zählverfahren über Mittelwertbildung und analoge Anzeige
- Zählverfahren und digitale Anzeige
- RC-Brückenverfahren (Wien/Robinson-Meßbrücke)
- Wellenlängenmeßverfahren.

Einige der bei der Frequenzmessung angewandten Meßverfahren werden auch für die Messung nichtelektrischer Größen in der industriellen Meßtechnik angewandt. So sind beispielsweise Drehzahlmessungen über Frequenzmessung mit analoger oder digitaler Anzeige der Drehzahl oder Zeitmessungen unter Verwendung des Zählers mit digitaler Anzeige möglich.

5.2. Frequenzmessung nach dem Resonanzverfahren

5.2.1. Prinzip des Meßverfahrens

In einem schwingfähigen System werden durch Einkoppeln kleiner Energiestöße, die im Rhythmus der Eigenfrequenz des Schwingsystems erfolgen, Schwingungen mit großer Amplitude erzeugt. Je mehr die Erregerfrequenz von der Eigenfrequenz des Schwingsystems (Resonator) abweicht, desto kleiner sind die Schwingamplituden. Das Frequenzmeßgerät enthält im allgemeinen ein Schwingsystem mit veränderbarer Eigenfrequenz. Es kann aber auch aus mehreren Schwingsystemen mit festen Eigenfrequenzen bestehen.

Es können Resonanzerscheinungen sowohl von mechanischen Resonatoren als auch von elektrischen Schwingungssystemen ausgenutzt werden. Ein Vertreter eines Frequenzmessers mit mechanischen Resonatoren ist der Zungenfrequenzmesser. Er wird im Wissensspeicher „Elektrische Meßtechnik“ vorgestellt und soll hier nicht weiter betrachtet werden.

5.2.2. Resonanzfrequenzmeßbrücke

Wirkungsweise

Die Prinzipschaltung der Resonanzfrequenzmeßbrücke zeigt Bild 5.1. Die Widerstände *R1* und *R2* haben gleiche elektrische Eigenschaften und sind reell. Die Brückenschaltung befindet sich dann im Gleichgewicht, wenn die

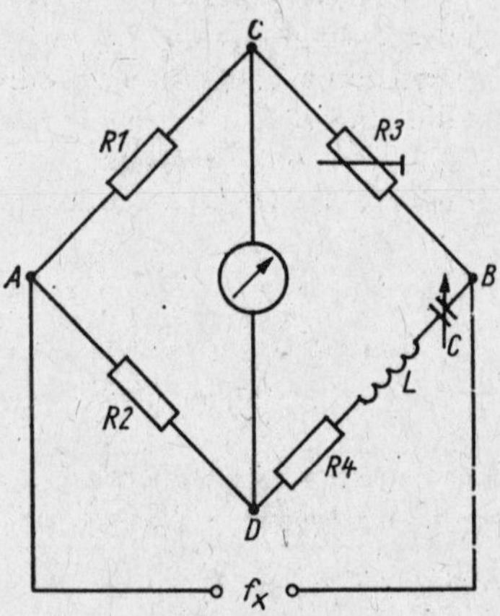

Bild 5.1. Resonanzfrequenzmeßbrücke

Widerstände in den Zweigen *B-C* und *B-D* gleiche Größe und gleiche Phase haben. Das ist dann der Fall, wenn f_0 des Reihenkreises im Brückenzweig *B-D* gleich der unbekannten Frequenz f_x ist.
Es gilt für

$$f_0 = f_x = \frac{1}{2\pi\sqrt{LC}} \qquad (5.1)$$

die Brückenbedingung $Z = Z_0 = R_4$
und

$$\frac{R_1}{R_2} = \frac{R_3}{R_4}.$$

Die Brückenbedingungen werden durch Kapazitäts- und R_3-Änderung am Nullindikator, mit dem Wechselspannungen abgeglichen werden können, auf ein Minimum abgeglichen.

Vor- und Nachteile

Zum Betrieb der Resonanzfrequenzmeßbrücke werden keine Betriebsspannungen benötigt. Die Meßunsicherheit ist größer als 1%. Die Meßbrücke ist nur für den Tonfrequenzbereich geeignet.

Anwendung

Die Resonanzfrequenzmeßbrücke hat nur noch geringe praktische Bedeutung. Sie ist durch die Wien/Robinson-Brücke verdrängt worden, die sich billiger herstellen und leichter abgleichen läßt und zudem eine geringere Meßunsicherheit aufweist.

5.2.3. Absorptionsfrequenzmesser

Wirkungsweise

Absorptionsfrequenzmesser haben einen durchstimmbaren Schwingkreis als frequenzbestimmendes Glied. Die veränderbare Kapazität ist in Frequenzeinheiten geeicht. Zur Frequenzmessung koppelt man lose – je nach Geräteart kapazitiv oder induktiv – den Schwingkreis an den Generator, dessen Frequenz bestimmt werden soll. Nunmehr stimmt man den Schwingkreis auf diejenige Resonanzfrequenz ab, bei der das empfindliche Drehspulinstrument des Indikatorteils Maximalausschlag zeigt. Dabei stimmt die eingestellte Frequenz mit der zu messenden Frequenz des Generators überein. Bei einigen Gerätetypen wird die Empfindlichkeit der Anzeige durch Verstärkung des Diodenrichtstroms erhöht.

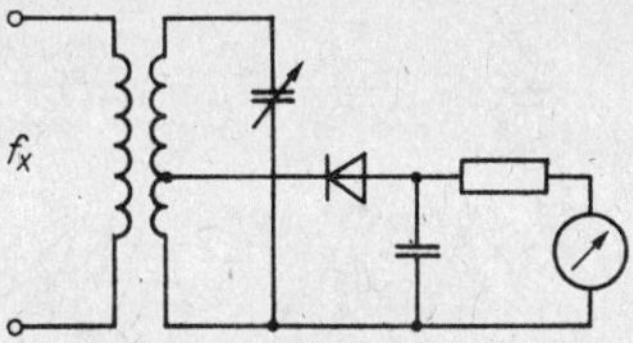

Bild 5.2. Absorptionsfrequenzmesser

Vor- und Nachteile

Absorptionsfrequenzmesser sind klein, einfach und billig. Der Meßbereich erstreckt sich von etwa 0,1···300 MHz. Die erreichbare Meßunsicherheit liegt bei 1···2%.

Ein Nachteil ist, daß die Gefahr des Abgleichens auf Oberwellen der Meßfrequenz besteht. Es muß daher immer die Resonanzstelle der niedrigsten Frequenz genommen werden.

Anwendung

Absorptionsfrequenzmesser werden bei orientierenden Messungen eingesetzt, bei denen eine geringe Genauigkeit ausreicht. Ihr großer Frequenzbereich gestattet den Einsatz besonders bei höheren Frequenzen bis 300 MHz.

5.2.4. Dip-Meter

Wirkungsweise

Dip-Meter bestehen im wesentlichen aus einem HF-Oszillator mit einem durchstimmbaren Schwingkreis. Der Meßbereich wird durch Auswechseln steckbarer Spulen in mehrere Teilbereiche unterteilt. Zur Bestimmung der Resonanzfrequenz eines Schwingkreises nähert man diesem das Dip-Meter und stellt damit eine lose induktive Kopplung her. Eine zu starke Kopplung führt zu einer Verstimmung der Oszillatorfrequenz.

Im Gegensatz zum Resonanzfrequenzmesser wird hier dem Meßgerät selbst Energie entzogen, sobald seine Oszillatorfrequenz f_0 mit der zu messenden Frequenz f_x des Meßobjekts übereinstimmt. Dadurch wird die Schwingamplitude des Oszillators bedämpft (engl.: to dip absenken).

Das Absenken der Schwingamplitude wird durch ein Drehspulinstrument sichtbar gemacht. In röhrenbestückten Geräten, die unter der Bezeichnung

Grid-Dip-Meter bekannt sind (engl.: grid Gitter), nutzt man zur Anzeige den Gitterstrom aus. In transistorisierten Dip-Metern wird die HF-Spannung mit einer Diode gleichgerichtet. Der Diodenrichtstrom wird einem Drehspulinstru-

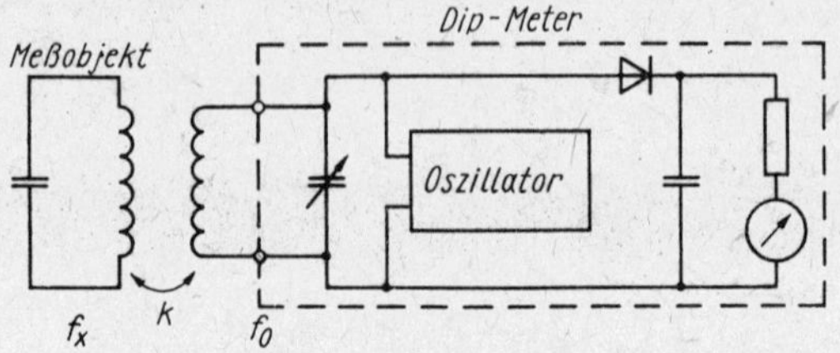

Bild 5.3. Dip-Meter

ment über einen Gleichspannungsverstärker zugeführt. Nach Abschalten des HF-Oszillators lassen sich Dip-Meter auch als Absorptionsfrequenzmesser verwenden.

Vor- und Nachteile

Dip-Meter sind leicht zu handhabende und billige Frequenzmesser. Ihr Meßbereich reicht von etwa 1···300 MHz. Ihre Meßunsicherheit liegt bei 1···2%.

Anwendung

Dip-Meter werden für orientierende Messungen in der Funktechnik und zum Abgleich von Schwingkreisen eingesetzt.

5.3. Frequenzmessung nach dem Frequenzvergleichsverfahren

5.3.1. Prinzip des Meßverfahrens

Es werden zwei Frequenzen miteinander verglichen: die zu messende Frequenz f_x und die möglichst sehr genau vorliegende Vergleichsfrequenz f_n (Normalfrequenz).

Der Vergleich kann erfolgen

- mittels Überlagerung beider Frequenzen an einem linearen Bauelement und Anwendung eines akustischen Vergleichsverfahrens (Schwebungsmethode)
- durch Mischung beider Frequenzen und Minimumanzeige an einem Meßinstrument
- durch Einsatz eines Oszilloskops und Abgleich mittels *Lissajous*figuren am Schirmbild.

5.3.2. Frequenzvergleich durch Schwebung

Wirkungsweise

Bei Überlagerung von zwei Schwingungen etwa gleicher Amplitude und wenig unterschiedlicher Frequenzen erhält man eine Schwebung, deren Frequenz der Frequenzdifferenz der beiden Grundschwingungen entspricht.

Führt man die Grundschwingungen – die Meß- und Vergleichsschwingungen – über die im Bild 5.4 dargestellte einfache Schaltung einem hochohmigen Kopfhörer zu, so kann man die Schwebungsfrequenz hören. Der Einstellwiderstand dient dazu, die Amplituden der beiden Grundschwingungen einander anzugleichen.

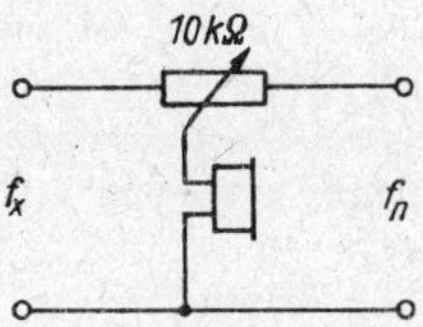

Bild 5.4. Akustisches Frequenzvergleichsverfahren

Verändert man die Vergleichsfrequenz f_n oder Meßfrequenz f_x, so ändert sich auch die Schwebungsfrequenz. Wenn die Schwebungsfrequenz Null ist, besteht Gleichheit zwischen Meß- und Vergleichsfrequenz (Schwebungsnull). An dem Generator, der die Vergleichsschwingungen liefert, kann man die gesuchte Frequenz ablesen. Der Hörer kann auch durch ein Drehspulinstrument ersetzt werden, wobei allerdings infolge der Trägheit des beweglichen Organs nur Schwebungsfrequenzen um 0 Hz angezeigt werden.

Vor- und Nachteile

Das Vergleichsverfahren erfordert einen geringen Geräteaufwand. Es ist ohne Schwierigkeiten im Tonfrequenzbereich anwendbar. Die erreichbare Genauigkeit wird durch den Frequenzfehler bestimmt, mit dem die Vergleichsschwingungen behaftet sind.

Anwendung

Der Frequenzvergleich mit Hilfe des Kopfhörers im Tonfrequenzbereich wird seiner Einfachheit halber häufig für orientierende Messungen angewendet.

5.3.3. Frequenzvergleich durch Mischung

Wirkungsweise

Industriell gefertigte Frequenzmeßgeräte, die nach diesem Prinzip arbeiten, sind unter den Bezeichnungen *Wellenmesser* oder *Interferenzmesser* bekannt. Sie enthalten einen Meßgenerator, der die Vergleichsschwingungen liefert, und ein Verstärkervoltmeter zur Nullanzeige. Frequenzgleichheit besteht, wenn die Differenzfrequenz Null ist. Zur Erhöhung der Meßgenauigkeit ist zudem ein quarzstabilisierter Generator eingebaut, mit dessen oberwellenreichen Schwingungen bekannter Frequenzen die Frequenzskale des Meßgenerators abgeglichen werden kann. Das Tiefpaßfilter läßt nur die Differenzfrequenz passieren,

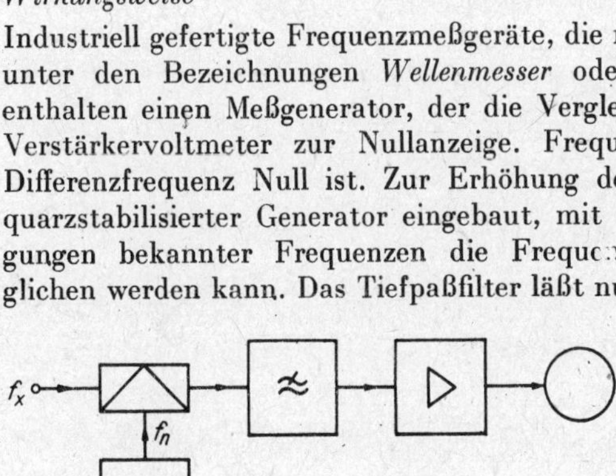

Bild 5.5. Frequenzvergleichsverfahren durch Mischung

da eine Vielzahl von Mischprodukten entsteht. Die Differenzfrequenz wird Null, wenn $f_x = f_n$ ist. Die Frequenz f_x wird dann an der Frequenzskale des Vergleichsgenerators abgelesen. Das Meßinstrument dient nur als Minimum-Indikator.

Vor- und Nachteile

Mit solchen Geräten können Frequenzen bis 300 MHz, mit einigen Arten sogar bis in den Gigahertz-Bereich gemessen werden. Die Frequenzgenauigkeit des Vergleichsgenerators bestimmt die Genauigkeit der Messung (bis 10^{-4}).

Es besteht die Gefahr, daß auf eine Oberwelle der Frequenz f_x abgeglichen wird.

5.3.4. Frequenzvergleich mit dem Oszilloskop

Wirkungsweise

Das grundlegende des Verfahrens ist bereits aus dem Wissensspeicher „Elektrische Meßtechnik" bekannt. Es werden Oszilloskope verwendet, die über X- und Y-Verstärker verfügen. Der X-Eingang muß von außen zugänglich sein.

Zum Frequenzvergleich werden die Meß- und Vergleichsschwingungen je einem Ablenksystem des Oszilloskops zugeführt. Wenn die Meß- und Vergleichsfrequenzen übereinstimmen, ergeben sich stehende Oszillogramme – sogenannte Lissajousfiguren –, wie sie Bild 5.6 zeigt. Der Winkel gibt die Phasendifferenz zwischen Meß- und Vergleichsschwingungen an.

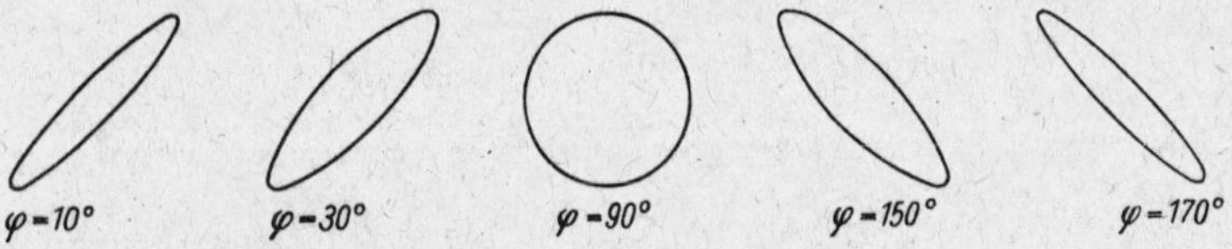

Bild 5.6. Frequenzvergleichsverfahren mit Lissajousfiguren bei einem Frequenzverhältnis 1 : 1 verschiedener Phasenlage

Stimmen beide Frequenzen genau überein, ist der Winkel konstant; weichen beide voneinander ab, ändern sich der Winkel und damit auch das Oszillogramm laufend.

Bei größerer Änderungsgeschwindigkeit entsteht für das Auge ein ausgeleuchtetes Quadrat (bei gleichen Amplituden) oder ein Rechteck (bei ungleichen Amplituden). Bei kleineren Änderungsgeschwindigkeiten kann man die Frequenzdifferenz mit Hilfe der Stoppuhr ermitteln und daraus den Frequenzfehler berechnen. Stehende Oszillogramme erhält man jedoch nicht nur bei Frequenzgleichheit, sondern auch dann, wenn sich Meß- und Vergleichsfrequenz in einem ganzzahligen Verhältnis befinden. Im Bild 5.7 sind einige Oszillogramme für ein ganzzahliges Frequenzverhältnis dargestellt.

Auswertbare Bilder setzen entweder Frequenzgleichheit der Grundwellen beider Frequenzen oder ihrer Oberwellen bzw. nur geringe Abweichungen dieser Werte voraus.

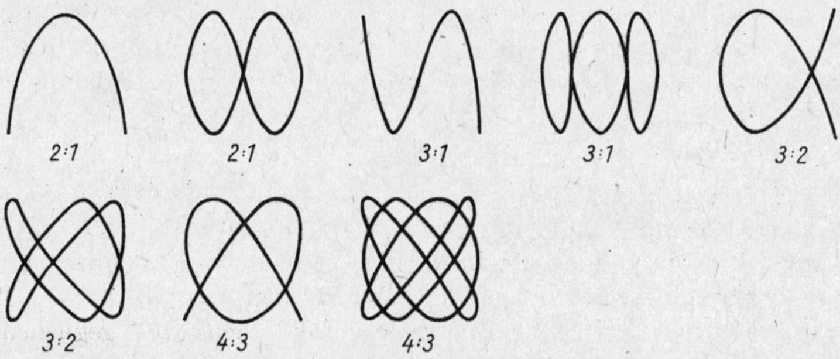

Bild 5.7. Lissajousfiguren bei ganzzahligem Frequenzverhältnis

Vor- und Nachteile

Für große Frequenzverhältnisse (> 20 :1) ist dieses Verfahren wenig geeignet, weil das Auszählen zu zeitaufwendig und zu unsicher wird. Im Bereich bis etwa 20 kHz bereitet es im allgemeinen keine Schwierigkeiten, diese Bedingungen einzuhalten. Bei höheren Frequenzen bis zu einigen Megahertz kann dieses Vergleichsverfahren nur angewendet werden, wenn Schwingungen aus quarzstabilisierten Generatoren – also Schwingungen hoher Frequenzkonstanz – zu vergleichen sind, weil man sonst keine stehenden Oszillogramme erhält. Die erreichbare Genauigkeit ist im wesentlichen von dem Fehler abhängig, mit dem die Vergleichsfrequenz behaftet ist.

Anwendung

Der Frequenzvergleich mit dem Elektronenstrahloszilloskop ist weit verbreitet. Insbesondere ist er für solche Meßaufgaben geeignet, bei denen es auf hohe Genauigkeit ankommt.

5.4. Frequenzmessung nach dem Zählverfahren

5.4.1. Prinzip des Meßverfahrens

Das Meßverfahren beruht auf einem Zählen der Schwingungen je Zeiteinheit. Der Zählvorgang wird durch elektronische Baugruppen ausgeführt. Man unterscheidet zwei Verfahren:

- *Messung durch Mittelwertbildung* der vorhandenen Anzahl der Schwingungen je Zeiteinheit und anschließende analoge Anzeige mit einem Drehspulmeßwerk. Der Zeigerausschlag des Meßgerätes (Mittelwert) ist direkt von der anliegenden Frequenz abhängig. Derartige Frequenzmeßgeräte werden als Frequenzzeiger bezeichnet.
- *Messung mit elektronischen Zählern.* Die Anzeige erfolgt digital mit Ziffernanzeigeelementen. Das Gerät wird auch als Zählfrequenzmesser bezeichnet.

5.4.2. Frequenzzeiger

Wirkungsweise

Das Bild 5.8 zeigt das Prinzip.

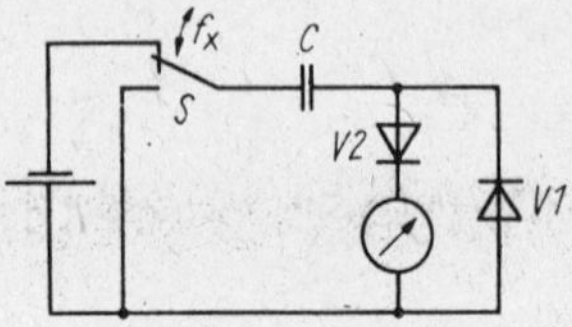

Bild 5.8. Prinzip des Frequenzzeigers

Die zu messende Frequenz soll durch den Schalter *S* nachgebildet werden. Im Rhythmus der Schaltfrequenz wird der Kondensator *C* durch Impulse konstanter Amplitude und Breite über die Diode *V*1 aufgeladen und über die Diode *V*2 entladen. Dieses Verfahren wird daher oft auch als *Kondensatorumladeverfahren* bezeichnet. Der Mittelwert des Entladestroms ist ein Maß für die Anzahl der den Kondensator auf- und entladenden Impulse. Im Bild 5.9 ist der vereinfachte Übersichtsschaltplan angegeben. Er zeigt den Frequenzzeiger FZ 311, dessen Größe mit der eines Vielfachmeßgerätes vergleichbar ist.

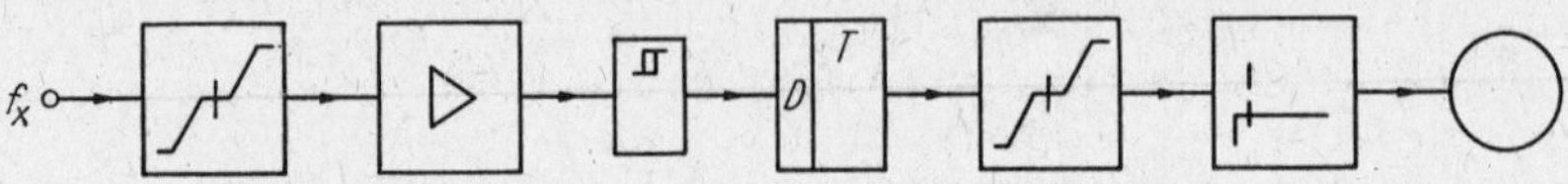

Bild 5.9. Übersichtsschaltplan des Frequenzzeigers FZ 311

Die Spannung der zu messenden Frequenz wird über die Eingangsbuchsen einer Diodenbegrenzerstufe zugeführt. Diese begrenzt die Amplitude der Schwingung und schützt den nachfolgenden Verstärker vor Übersteuerung. Sobald der Schwellwert des nachfolgenden Schmitt-Triggers erreicht ist, erzeugt er am Ausgang eine rechteckförmige Spannung gleichbleibender Größe unabhängig von der Eingangsspannung, aber in Abhängigkeit von der Eingangsfrequenz. Dieser Schmitt-Trigger steuert eine nachfolgende bistabile Kippstufe. Am Ausgang dieser Stufe erhält man eine Rechteckspannung der halben Eingangsfrequenz und konstanter Amplitude. Nach einer nochmaligen Begrenzung wird die Spannung dem Meßkreis zugeführt. Durch den Meßbereichsumschalter wird der benötigte Meßkondensator eingeschaltet. Die Mittelwertbildung erfolgt im Anzeigekreis. Der Mittelwert wird durch ein Drehspulmeßwerk angezeigt. Einige technische Daten dieses Frequenzzeigers sind

Frequenzbereich	5 Hz···100 kHz
Meßunsicherheit	± 2,5%
Eingangsspannung	0,14 V···70 V
netzunabhängige Stromversorgung	100 h Betriebsdauer.

Vor- und Nachteile

Frequenzzeiger sind leicht bedienbar, schnell betriebsbereit, haben einen breiten Frequenzbereich bis 300 kHz, aber eine relativ hohe Meßunsicherheit.

Anwendung

Frequenzzeiger sind für Präzisionsmessungen ungeeignet. Sie dienen vorwiegend zu Übersichts- oder orientierenden Messungen im NF-Bereich.

5.4.3. Zählfrequenzmesser

Wirkungsweise

Im Bild 5.10 ist der Übersichtsschaltplan dargestellt.

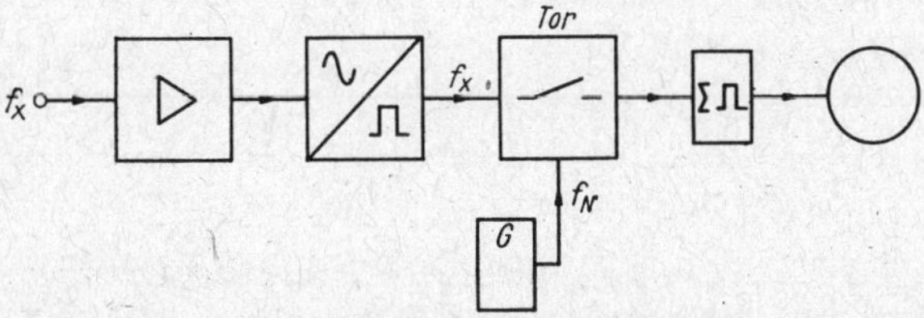

Bild 5.10. Übersichtsschaltplan eines Zählfrequenzmessers

Die Spannung mit der unbekannten Frequenz f_x wird nach Verstärkung in eine Rechteckimpulsfolge mittels einer Impulsformerstufe überführt. Die Frequenz f_x bleibt bei der Impulsformung erhalten. Diese Impulse liegen am Eingang eines Tores. Die Öffnung des Tores erfolgt mit Auslösung der Messung durch Steuerimpulse, bestehend aus einem Start- und einem Stoppimpuls (Bild 5.11).

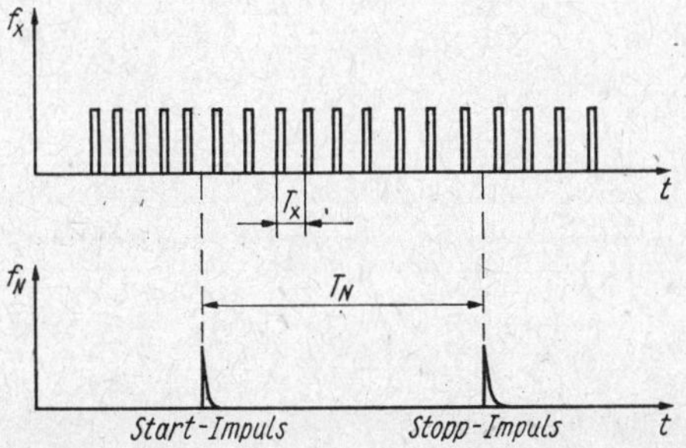

Bild 5.11. Zeitablauf der Messung beim Zählfrequenzmesser

Die Öffnungszeit des Tores T_N ist exakt einstellbar und wird von einer Quarzstufe abgeleitet. Die Steuerimpulse für die Öffnungszeit sind z. B. in folgender Abstufung vorhanden: $f_N = 0{,}1$ Hz, 1 Hz, 10 Hz, 100 Hz···1 MHz. Diese Frequenz f_N entspricht dann einer Meßdauer von $T_N = 10$ s, 1 s, 0,1 s, 0,01 s··· 10 µs.

Die Menge n der Impulse, die während der Meßdauer T_N das Tor passiert, wird gezählt (Zähler) und angezeigt.

$$T_N = n\,T_x;\ T_N = \frac{1}{f_N} \text{ und } T_x = \frac{1}{f_x}$$

$$f_x = n f_N$$

$$n = \frac{f_x}{f_N}. \tag{5.3}$$

Vor- und Nachteile

Zählfrequenzmesser – meist mit den Schaltungsvarianten Periodendauer-, Frequenzdifferenz- und Zeitintervallmessung zu sogenannten *Universalzählern* vereinigt – sind teure Meßeinrichtungen. Sie zeichnen sich jedoch durch leichte Bedienbarkeit und relativ große Meßgenauigkeit aus.

Die mit digitalen Zählfrequenzmessern erreichbare Genauigkeit ist von zwei Elementen abhängig: von dem digitalen Fehler und der Frequenzunsicherheit des Quarzgenerators der Zeitbasis.

Bei jeder digitalen Zählung kann ein Zählfehler von ± 1 Zähleinheit auftreten, weil nur ganze Perioden gezählt werden und die Anfangsphase zwischen Toröffnungsimpuls und dem ersten Meßimpuls der Meßdauer beliebig sein kann. Die Wirkung dieses Fehlers ist um so größer, je kleiner die Anzahl n der Impulse je Meßdauer ist.

Mit Zählfrequenzmessern können Frequenzen bis etwa 250 MHz gemessen werden. Zur Messung höherer Frequenzen bis zu mehreren Gigahertz müssen Konverter eingesetzt werden, die die zu messenden Frequenzen in den Meßbereich der Zählfrequenzmesser umsetzen.

Anwendung

Die leichte Bedienbarkeit, die sofortige Betriebsbereitschaft transistorisierter Geräte und die universellen Anwendungsmöglichkeiten trugen zum weitverbreiteten Einsatz der Universalzähler bei. Die leichte Bedienbarkeit darf jedoch nicht dazu führen, die Meßergebnisse unkritisch weiterzuverarbeiten. Wie die Ausführungen über die Meßungenauigkeit zeigen, müssen die Anforderungsgrenzen in jedem Anwendungsfall gewissenhaft beachtet werden.

Wenn die Ergebnisse der Frequenzmessungen aufgezeichnet, fernübertragen oder automatisch weiterverarbeitet werden sollen, werden ausschließlich digitale Zähler eingesetzt.

5.5. Frequenzmessung mit einer RC-Meßbrücke

Wirkungsweise

Die bereits im Wissensspeicher „Elektrische Meßtechnik" vorgestellte *Wien/Robinson-Meßbrücke* kann auch zur Frequenzmessung verwendet werden. Die Schaltung zeigt Bild 5.12.

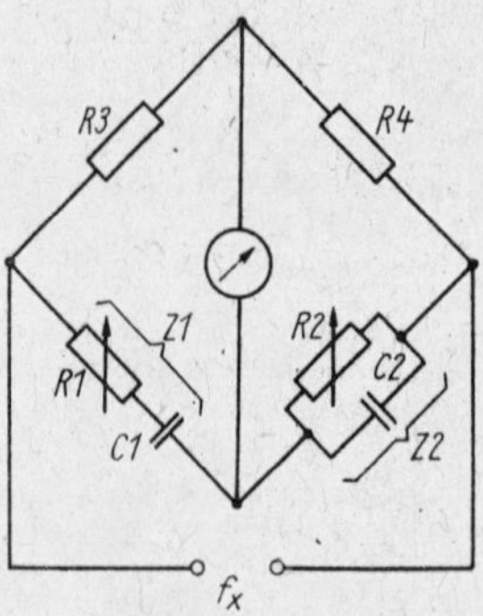

Bild 5.12. Wien/Robinson-Meßbrücke zur Frequenzmessung

Die Brücke ist abgeglichen, wenn Phasengleichheit und das Verhältnis

$$\frac{R_3}{R_4} = \frac{Z_1}{Z_2} \text{ bestehen.}$$

Aus der Ableitung erhält man die Abgleichfrequenz:

$$f_0 = \frac{1}{2\pi \sqrt{R_1 R_2 C_1 C_2}}.$$

Wird nun zweckmäßigerweise $C_1 = C_2 = C$, $R_1 = R_2 = R$ und $R_3 = 2R_4$ gewählt, erhält man

$$f_0 = \frac{1}{2\pi RC}. \tag{5.4}$$

Der Indikator muß für Wechselspannung (z. B. Verstärkervoltmeter) geeignet sein.

Die Skale des einstellbaren Widerstands kann somit unmittelbar in Frequenzeinheiten geeicht werden.

In handelsüblichen Wien/Robinson-Frequenzmeßbrücken ist der kleinste Skalenwert 1 Hz.

Vor- und Nachteile

Meßbrücken dieser Art sind für die Messung von Frequenzen bis 100 kHz geeignet. Die Meßunsicherheit beträgt im Tonfrequenzbereich etwa 0,1%.

Anwendung

Die Bedeutung von Frequenzmeßbrücken geht durch den rasch zunehmenden Einsatz elektronischer Zähler immer mehr zurück. In der handelsüblichen Kombination dieser Meßbrücke für Frequenz- und Widerstandsmessungen hat sie aber auch heute noch eine Daseinsberechtigung.

5.6. Frequenzmessung durch Wellenlängenbestimmung

Prinzip des Meßverfahrens

Spannungs- und Stromverteilung über einer mit bestimmter Frequenz erregten Leitung sind vom Abschlußwiderstand am Ende der Leitung abhängig. Als Extremwerte können auftreten:

- Leitung am Ende offen – entspricht einem Abschlußwiderstand unendlich
- Leitung am Ende kurzgeschlossen – entspricht einem Abschlußwiderstand Null.

Eine am Ende offene Leitung zeigt am Ende der Leitung die Werte: Spannungsmaximum $u = u_{max}$, Stromnull $i = 0$ (Bild 5.13).

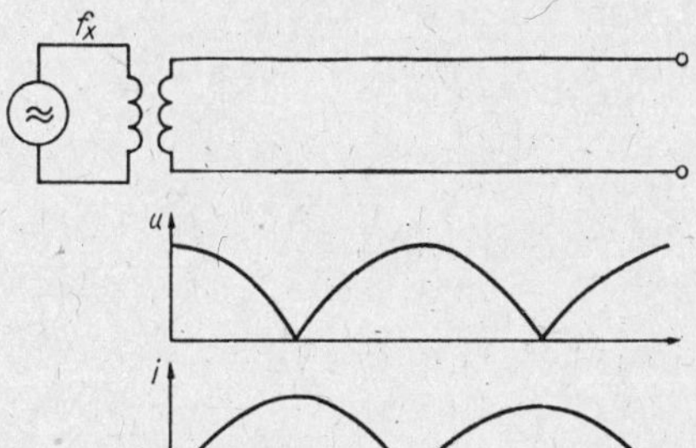

Bild 5.13. Spannungs- und Stromverlauf über einer offenen Leitung

Eine am Ende kurzgeschlossene Leitung zeigt dagegen die Werte: Spannungsnull $u = 0$, Strommaximum $i = i_{max}$ (Bild 5.14).

Der Abstand zwischen zwei Spannungsmaxima oder Nullwerten ist abhängig von der Wellenlänge $\lambda/2$ und damit von der angelegten Frequenz f_x, die gemessen werden soll.

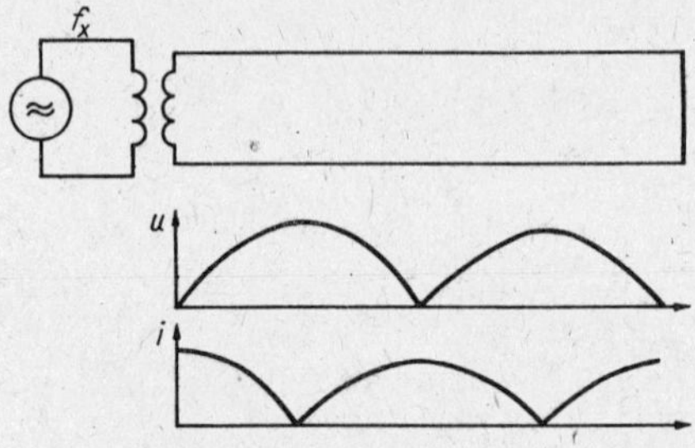

Bild 5.14. Spannungs- und Stromverlauf über einer kurzgeschlossenen Leitung

Wirkungsweise

Die auf diesem Prinzip beruhende Meßeinrichtung arbeitet mit einem Kurzschlußschieber auf einer Paralleldrahtleitung. Sie heißt *Lecherleitung*. Die zu messende Frequenz wird induktiv eingekoppelt (Bild 5.15).

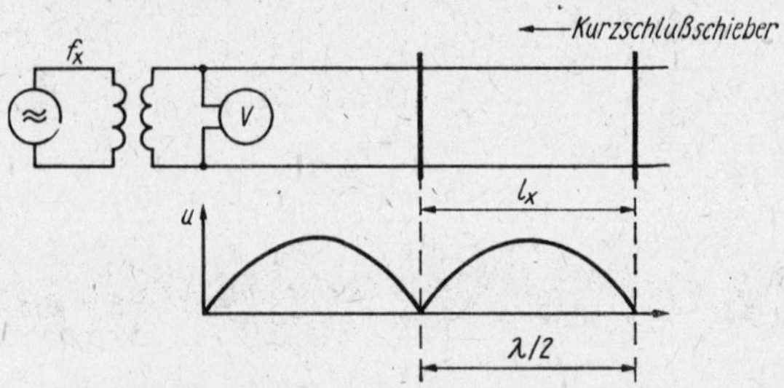

Bild 5.15. Frequenzmessung mit Hilfe einer Lecherleitung

Die Stellung des Schiebers ist auf einer Längenskale ablesbar. Als Spannungsindikator eignet sich ein Verstärkervoltmeter. Liegen die Meßschwingungen mit der zu bestimmenden Frequenz an, so ermittelt man – vom Leitungsanfang beginnend – die Stellen, an denen am Verstärkervoltmeter Spannungsminima abgelesen werden.

Die Entfernung l_x benachbarter Kurzschlußstellen führt zur Meßfrequenz

$$f_x = \frac{c}{2l_x}; \qquad (5.5)$$

c Übertragungsgeschwindigkeit.

Die Spannungsmaxima können im Prinzip auch zur Auswertung herangezogen werden; sie verlaufen aber flacher und sind deshalb nicht so gut einzustellen.

Vor- und Nachteile

Das Verfahren eignet sich für die Messung von Frequenzen ab etwa 300 MHz. Die hiermit erreichbare Meßunsicherheit liegt etwa bei 0,1%. Dabei ist allerdings Voraussetzung, daß die Übertragungsgeschwindigkeit c, die im allgemeinen zwischen $2{,}95 \cdot 10^8$ m/s und $3{,}00 \cdot 10^8$ m/s liegt, genau bekannt ist und die Längen sicher bestimmt werden können.

Anwendung

Das Verfahren wird ausschließlich für Messungen an Hochfrequenzanlagen angewendet.

In der Mikrowellentechnik besteht die Meßanordnung aus einem Hohlleiter mit verschiebbarem Indikatorkreis.

Aufgaben

5.1. Geben Sie eine Übersicht über die Frequenzmeßverfahren nach gemeinsamen Merkmalen an!

5.2. Welchen Vorteil hat die Anwendung der Wien/Robinson-Meßbrücke gegenüber der Resonanzfrequenzmeßbrücke?

5.3. Erläutern Sie Anwendung, Vor- und Nachteile des Absorptionsfrequenzmessers!

5.4. Erläutern Sie das Frequenzvergleichsverfahren mittels Frequenzmischung!

5.5. Erklären Sie Gemeinsamkeiten und Unterschiede der Frequenzmessung mit Frequenzzeiger und mit Zählfrequenzmesser!

5.6. Begründen Sie anhand der Wirkungsweise, warum die Frequenzmessung mit Lecherleitung nur bei höheren Frequenzen angewandt werden kann!

6. Messungen an Halbleiterbauelementen

6.1. Allgemeines

Wenn Messungen an Halbleiterbauelementen ausgeführt werden müssen, wird dafür keine „neue“ Meßtechnik benötigt. Dieser Abschnitt wendet daher Meßgeräte und -verfahren der elektrischen und elektronischen Meßtechnik für spezifische Belange der Halbleiterbauelemente an. Grundlagen dafür sind der Wissensspeicher „Elektrische Meßtechnik“ und die Abschnitte 1. bis 5. dieses Buches.

Ziele der Messungen an Halbleiterbauelementen sind hauptsächlich

- Untersuchung der Funktionsfähigkeit
- Bestimmung ausgewählter Kennwerte
- Ermittlung ausgewählter Grenzwerte.

6.2. Messungen an Dioden

6.2.1. Funktionsprüfung

Für viele Belange der Praxis ist eine Übersichtsmessung wichtig und ausreichend, die eine Gut/Schlecht-Aussage liefert. Der Facharbeiter im Prüffeld oder Kundendienst muß mit möglichst einfachen Mitteln sicher feststellen können, ob eine Diode funktionstüchtig ist, ohne dabei Kennwerte oder Kennlinien quantitativ bestimmen zu müssen.

Gleichrichterdioden

Hier ist zu kontrollieren, ob die Diode Ventilwirkung zeigt.

Vor der Messung muß man sich zuverlässig über die Anschlußbelegung informieren!

Flußrichtung

Mit der Schaltung nach Bild 6.1 läßt sich ein Flußstrom I_F feststellen. Dabei

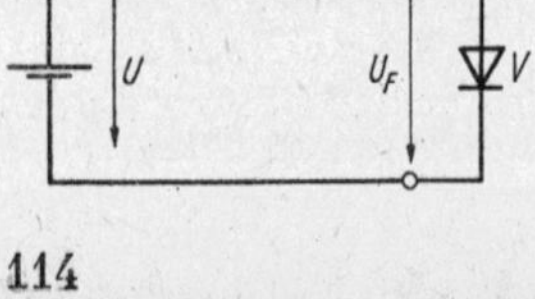

Bild 6.1. Meßschaltung Diode in Flußrichtung

muß die Spannung U größer sein als die Schleusenspannung der Diode, also etwa 1,5 V betragen. Der Vorwiderstand R_V begrenzt den Flußstrom. R_V richtet sich nach der verwendeten Spannung und nach dem höchstzulässigen Flußstrom der Diode. Für $U \gg U_S$ gilt

$$R_V \approx \frac{U}{I_F}. \tag{6.1}$$

Ergebnisse

Die Diode ist in Durchlaßrichtung funktionstüchtig, wenn ein Strom

$$I \approx \frac{U}{R_V}$$

fließt.

Die Diode ist defekt, wenn kein meßbarer Strom oder

$$I \ll \frac{U}{R_V}$$

fließt.

Sperrichtung

Zur Kontrolle des Sperrverhaltens eignet sich die Schaltung nach Bild 6.2. Es läßt sich leicht vergleichen, daß sich die Bilder 6.1 und 6.2 lediglich durch die entgegengesetzte Polarität der Spannungsquelle U unterscheiden. Dabei schützt hier der Vorwiderstand nur die Spannungsquelle für den Fall einer defekten Diode.

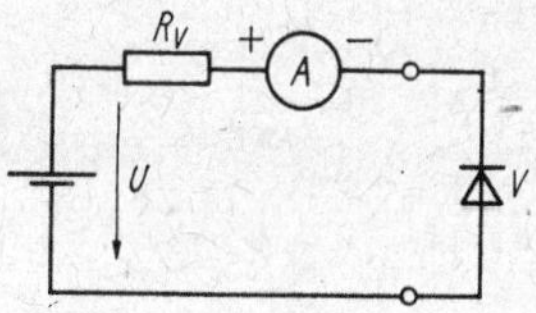

Bild 6.2. Meßschaltung Diode in Sperrichtung

Die Spannung U soll höher sein als bei Messung in Durchlaßrichtung, um Fehler sicherer erkennen zu können.

Ergebnisse

Die Diode ist in Sperrichtung funktionstüchtig, wenn kein meßbarer Strom fließt, bzw. wenn

- bei Dioden bis 1 W Verlustleistung $I_R < 0{,}1\ \mu A$ ist
- bei Leistungsgleichrichterdioden $I_R < 1$ mA ist.

Die Diode ist defekt, wenn der Sperrstrom wesentlich über die o. g. Werte ansteigt.

In Grenzfällen ist aus einem Katalog oder Datenblatt der für das bestimmte Bauelement zulässige Sperrstrom zu entnehmen.

Grundsätzlich ist die Funktionsprüfung eine Widerstandsermittlung in Durchlaß- und Sperrichtung. Es ist allerdings nicht zu empfehlen, beliebige Widerstandsmesser dafür einzusetzen, weil die Bauelemente beschädigt werden können oder die Ergebnisse nicht eindeutig sind.

Z-Dioden

Z-Dioden sind Si-Dioden für Stabilisierungsanwendungen und verhalten sich in Flußrichtung wie Gleichrichter. In Sperrichtung erfolgt in der Nähe der angegebenen Z-Spannung ein Durchbruch. Unterhalb der Durchbruchspannung darf nur ein sehr kleiner Sperrstrom ($\approx 1\,\mu A$) fließen. In der Nähe der Z-Spannung steigt der Strom schnell an und muß begrenzt werden, weil andernfalls die zulässige Verlustleistung überschritten wird.

Eine Funktionsprüfung erfolgt wie bei Gleichrichtern, solange die Spannung unterhalb der Z-Spannung bleibt.

Lumineszenzdioden

Sie senden Licht aus. Zur Funktionsprüfung reicht es meist aus, in Flußrichtung eine kleine Spannung anzulegen und die Lichtemission zu kontrollieren. Hierbei ist Vorsicht geboten, daß die maximal zulässige Verlustleistung nicht überschritten wird.

Beispiel

VQB 71

Für jedes Segment der Anzeigeeinheit ist die Verlustleistung $P_{tot} \approx 60$ mW bei einem Flußstrom $I_F = 15$ mA angegeben. Die zulässige Spannung berechnet sich zu

$$U \leqq \frac{P}{I_F} \tag{6.2}$$

$$U \leqq 4\,\mathrm{V}.$$

Selengleichrichter

Sie verhalten sich grundsätzlich wie Dioden, d. h., sie weisen einen großen Unterschied zwischen Durchlaß- und Sperrwiderstand auf. Eine Funktionsprüfung wird aber durch spezielle Bauformen erschwert.

Insbesondere bei Gleichrichtern für höhere Spannungen sind mehr als 100 Einzelzellen in Reihe geschaltet, deren Flußspannungen sich addieren. Die Prüfspannung muß also entsprechend groß sein.

Der Defekt nur weniger Einzelzellen läßt sich mit einfachen Mitteln durch Messung des höheren Sperrstroms kaum ermitteln. Hier ist bei Fehlerverdacht der probeweise Ersatz durch ein neues Bauelement vorteilhafter.

6.2.2. Kennlinienaufnahme

Diodenkennlinien sind in Kennlinienblättern und Katalogen der Hersteller angegeben. Diese Kurven stellen Mittelwerte dar. Interessiert der tatsächliche Verlauf der Kennlinie einer bestimmten Diode, muß dieser gemessen werden.

Bei Dioden wird der Zusammenhang zwischen Strom und Spannung sowohl in Durchlaßrichtung als auch in Sperrichtung gemessen und aufgetragen.

Wichtig für die Kennlinienaufnahme sind

- Meßschaltung
- Meßgeräte
- Spannungsquellen.

Flußrichtung $I_F = f(U_F)$

Vor der Messung muß der maximal zulässige Flußstrom oder die maximal zulässige Verlustleistung bekannt sein. Die Messungen sollen bei Raumtemperatur ohne wesentliche Schwankungen aufgenommen werden.

Mit den o. g. Werten lassen sich in ein vorbereitetes Diagramm (Bild 6.3) die Grenzen der Messung eintragen. Die Anschlußkennzeichnung (Anode – Katode) kann zuverlässig Datenblättern oder Katalogen entnommen werden. Eine Meßschaltung für die Kennlinie in Flußrichtung zeigt Bild 6.4.

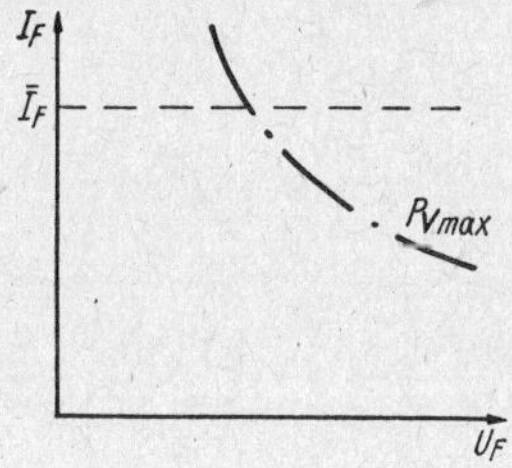

Bild 6.3. Vorbereitetes Diagramm

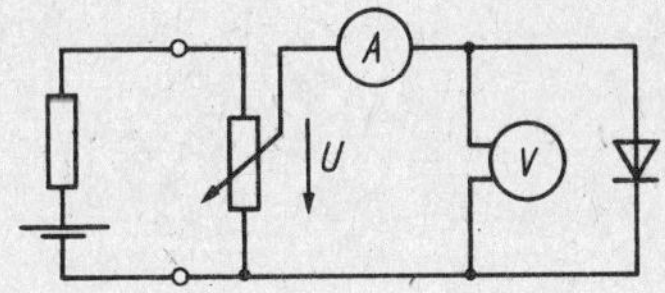

Bild 6.4. Meßschaltung für die Aufnahme einer Diodenkennlinie in Flußrichtung

Die Leerlaufspannung der Spannungsquelle muß für Si- und Ge-Dioden etwa 5 V groß sein. Günstig ist es, wenn ein geregeltes Netzgerät mit stetig einstellbarer Ausgangsspannung zur Verfügung steht. Die Belastbarkeit der Quelle muß der maximal zulässigen Verlustleistung der zu untersuchenden Dioden entsprechen.

Steht nur eine feste Spannung zur Verfügung, wird die Einstellbarkeit durch einen Spannungsteiler, wie im Bild 6.4 gezeigt, realisiert.

Zur Strom- und Spannungsmessung können Vielfachmeßgeräte verwendet werden. Es ist hier die spannungsrichtige Schaltung anzuwenden, weil der Widerstand der Diode in Flußrichtung klein gegenüber dem Gerätewiderstand des Spannungsmessers ist.

Der Meßvorgang beginnt mit $U = 0$. Die Spannung wird schrittweise erhöht, und die Meßwerte für Strom und Spannung werden möglichst sofort in das vorbereitete Diagramm eingetragen.

Beispiel

SAY 30

Die Anschlußbelegung (Bild 6.5) ist dem Herstellerkatalog entnommen.

Bild 6.5. Anschlußbild der Diode SAY 30, auf die Anschlüsse gesehen

Bei allen diskreten Halbleitern (Dioden und Transistoren) werden die Anschlußbilder mit Blick auf die Anschlüsse angegeben (von unten).

Ein geregeltes Netzteil TG 30/1 wird in der Schaltung Bild 6.4 als Spannungsquelle benutzt.

$$P_{tot} = 150 \text{ mW}$$

Meßgeräte: Vielfachmesser UNI 7; Meßbereiche: 10 mA, 50 mA, Vielfachmesser UNI 9 wegen der hier günstigeren Stufung der Spannungsbereiche; Meßbereich: 1,5 V.

Die gemessene Kurve ist im Bild 6.6 eingezeichnet.

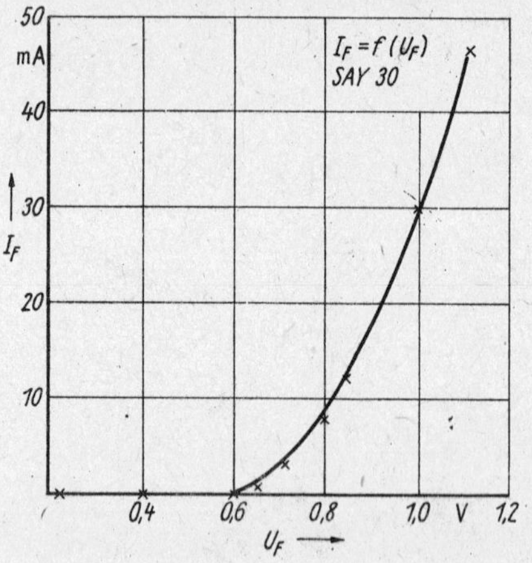

Bild 6.6. Diodenkennlinie in Flußrichtung

Sperrichtung $I_R = f(U_R)$

Praktische Bedeutung hat die Sperrkennlinie hauptsächlich für Z-Dioden.

Der Sperrstrom unterhalb des Durchbruchs ist bei Si-Dioden sehr klein (meist $< 0{,}1\ \mu A$) und damit schwer meßbar. Allerdings ist dieser Bereich für die Anwendung der Z-Dioden meist ohne Bedeutung und kann daher entfallen. Mit dieser Einschränkung können zur Messung Vielfachmesser eingesetzt werden.

Auch hier ist es günstig, ein Diagramm vorzubereiten. Wichtig ist das Eintragen des Grenzwertes der Kurve, um Schäden am Bauelement zu vermeiden.

Eine Schaltung zur Aufnahme der Sperrkennlinie von Z-Dioden zeigt Bild 6.7. Es unterscheidet sich vom Bild 6.4 durch die Anordnung der Z-Diode in Sperrrichtung. Die Urspannung richtet sich nach der Z-Spannung des Meßobjekts und muß über dieser liegen. Es sind Z-Spannungen zwischen 1 und 24 V üblich, ein geeignetes, geregeltes Netzteil mit stetig einstellbarer Ausgangsspannung macht den Spannungsteiler im Bild 6.7 überflüssig.

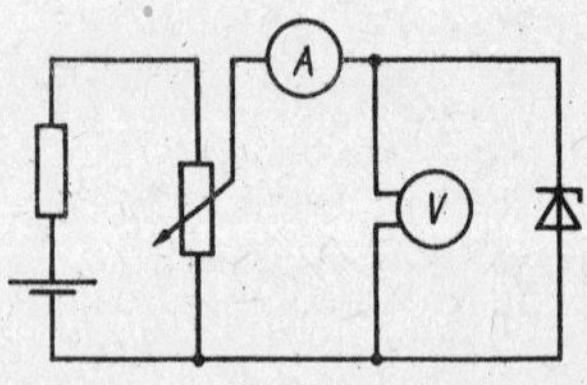

Bild 6.7. Meßschaltung für die Aufnahme einer Z-Dioden-Kennlinie in Sperrichtung

Die Kurve wird spannungsrichtig gemessen, weil der Widerstand im interessierenden Bereich klein ist. Unterhalb des Durchbruchs tritt ein erheblicher systematischer Meßfehler auf, der gemessene Strom ist im wesentlichen der Strom durch den Spannungsmesser, wenn Vielfachmesser verwendet werden.

Interessiert in Ausnahmefällen der Sperrstrom unterhalb des Durchbruchs, muß in stromrichtiger Schaltung – wegen des großen Widerstands – mit einem empfindlichen Galvanometer gemessen werden.

Beispiel

SZX 19/5,1

Aus den Herstellerangaben ist $P_{tot} = 250$ mW, $U_Z = 4{,}8 \cdots 5{,}4$ V entnommen worden.

In einer Schaltung nach Bild 6.7 werden ein Stromversorgungsgerät TG 30/1 und zwei Vielfachmesser UNI 7 verwendet. Der höchstzulässige Strom muß vor der Messung eingetragen werden. Er ermittelt sich zu

$$I_{z\,max} = \frac{P_{tot}}{U_{z\,max}}; \tag{6.3}$$

$$I_{z\,max} \approx 40 \text{ mA}.$$

Die Messung der Kennlinie beginnt mit $U < U_Z$, hier mit $U \approx 4$ V, so daß $I \approx 0$. Die weiteren Meßpunkte sind im Diagramm eingetragen und zur Kennlinie verbunden (Bild 6. 8).

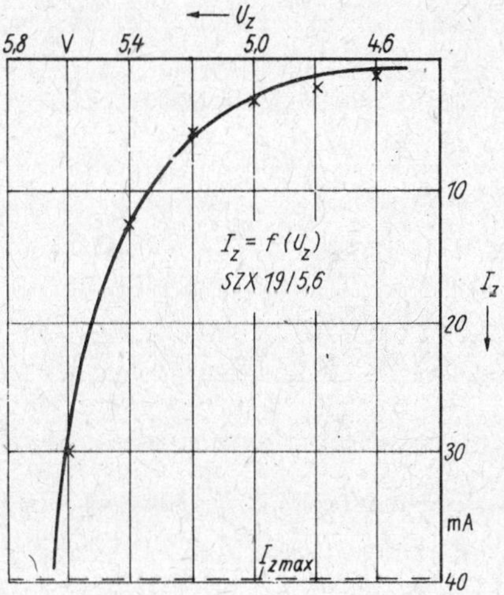

Bild 6.8. Kennlinie der Z-Diode in Sperrichtung

6.2.3. Messung von Kennwerten

Nachfolgend wird die Messung von drei wichtigen Kennwerten behandelt.

Wechselstromwiderstände r_F und r_Z

Der dynamische Innenwiderstand r_F und der Z-Widerstand r_Z (auch differentieller Z-Widerstand) können mit gleicher Anordnung gemessen werden.

1. Möglichkeit

Ist eine Schaltung nach Bild 6.7 zur Kennlinienaufnahme vorhanden, wird damit der geforderte Arbeitspunkt der Diode oder Z-Diode eingestellt.

Eine Spannungsänderung ΔU um diesen Arbeitspunkt hat eine Stromänderung ΔI zur Folge. Mit diesen Werten läßt sich r_F bzw. r_Z ermitteln:

$$r_Z = \frac{\Delta U_Z}{\Delta I_Z} \qquad r_F = \frac{\Delta U_F}{\Delta I_F}. \tag{6.4}$$

Vorteilhaft ist der geringe Aufwand der Schaltung; nachteilig ist die begrenzte Meßgenauigkeit, weil die Forderung besteht $\Delta U_Z \ll U$. Das ist mit den verwendeten Meßgeräten nur näherungsweise zu erreichen.

2. Möglichkeit

Für höhere Meßgenauigkeit und rationelle Messung eignet sich eine Schaltung nach Bild 6.9.

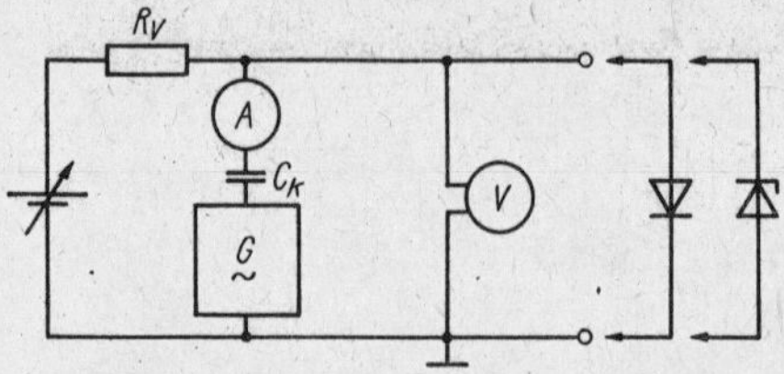

Bild 6.9. Meßschaltung für die Aufnahme von Kennlinien differentieller Widerstände

Der Arbeitspunkt wird mit dem Netzgerät eingestellt. Den Gleichgrößen ist eine kleine Wechselspannung überlagert (GF 21). Die Wechselgrößen u_F u_Z und i_F i_Z lassen sich hinreichend klein wählen und auch messen, so daß über eine zugeschnittene Größengleichung der Widerstand direkt am Verstärkervoltmeter abgelesen werden kann.

$$r = \frac{u}{i}$$

mit $i = 0{,}10$ mA

$$\frac{r}{\Omega} = \frac{U}{\mathrm{mV}} \cdot 10,$$

C_K und R_V entkoppeln die beiden Spannungsquellen.

Sperrschichtkapazität

Wesentlichster Kennwert von Kapazitätsdioden ist ihre Sperrschichtkapazität.

Die bekannten Verfahren der Kapazitätsmessung versagen, weil die Sperrschichtkapazität von der angelegten Sperrspannung abhängt. Daher wird hier ein anderes Verfahren vorgestellt. Die Kapazität wird indirekt durch Verstimmung eines Resonanzkreises gemessen (Bild 6.10). Die Resonanzfrequenz eines Parallelschwingkreises ergibt sich zu

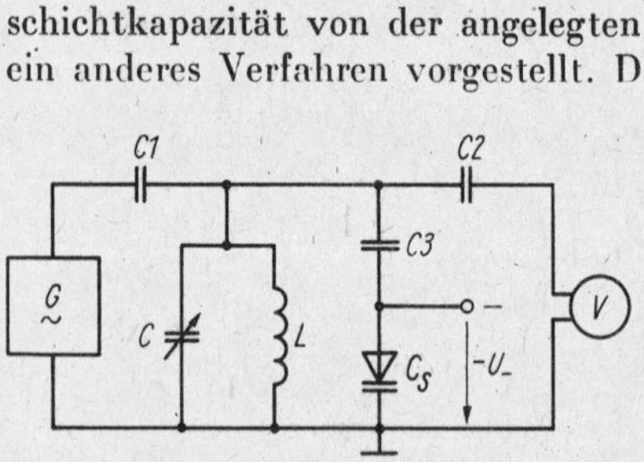

Bild 6.10. Meßschaltung für die Aufnahme von Kennlinien von Kapazitätsdioden

$$f_0 = \frac{1}{2\pi \sqrt{LC}}. \tag{6.5}$$

An der Stelle f_0 bildet sich ein Spannungsmaximum (vgl. Wissensspeicher „Grundlagen der Elektrotechnik"). Ändert sich C um einen Betrag $+\Delta C$, beispielsweise durch Parallelschalten eines Kondensators, ändert sich die Resonanzfrequenz, und das Spannungsmaximum verschwindet. Läßt sich, wie im Bild 6.10, C um einen Betrag $-\Delta C$ ändern, ist der alte Zustand wieder hergestellt. An der graduierten Skale des Kondensators C kann die unbekannte Sperrschichtkapazität abgelesen werden.
X_{C1}, X_{C2} und R_V müssen groß gegen den Resonanzwiderstand des Schwingkreises sein.

X_{C3} muß klein gegen X_{Cs} sein. An den Indikator werden keine besonderen Anforderungen gestellt, er muß im gewählten Frequenzbereich ein Spannungsmaximum anzeigen. Die Spannung U ist einstellbar, um die Sperrschichtkapazität als Funktion der Sperrspannung messen zu können.

6.3. Messungen an Transistoren

6.3.1. Funktionsprüfung

Eine Funktionsprüfung von bipolaren Transistoren läßt sich mit Hilfe eines vereinfachten Ersatzschaltplans auf eine Diodenprüfung zurückführen.

Aus dem Bild 6.11 läßt sich ablesen, daß sich die Strecken Emitter – Basis und Kollektor – Basis wie Dioden verhalten. Meßschaltungen sind die Bilder 6.1 und 6.2. Die Größe der Spannungen und Widerstände richtet sich nach den Grenzwerten der zu prüfenden Transistoren. Mit einer Spannung von 3 V läßt sich diese Prüfung gut ausführen.

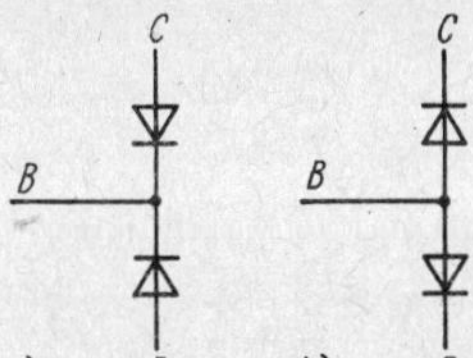

Bild 6.11. Transistorersatzschaltungen
a) pnp - Transistor
b) npn - Transistor

Die Vorwiderstände richten sich nach der Spannung und den zulässigen Strömen

$$R_V \geqq \frac{U}{I_{B\max}} \quad \text{oder} \quad R_V \geqq \frac{U}{I_{C\max}}. \tag{6.6}$$

mit $U = 3$ V und $I_{B\max} = 5$ mA
wird $R_V = 600\ \Omega$.

Ge-HF-Transistoren (z. B. GF 145, GT 313) haben eine sehr geringe Basis-Emitter-Sperrspannung ($U_{EB0} \approx 0{,}2$ V).

In Sperrichtung darf die Prüfspannung nicht größer als die Sperrspannung sein!

In Tafel 6.1 sind mit der oben angegebenen Dimensionierung die zu erwartenden Ergebnisse für Transistoren ohne Fehler zusammengefaßt. Die vorgestellte Prüfung zeichnet sich durch geringen Aufwand aus. Dafür können mit dieser

Tafel 6.1. Prüfwerte für Transistoren

Zonenfolge	Ströme	
	$U_{BE} > 0$ $U_{BC} > 0$	$U_{BE} < 0$ $U_{BC} < 0$
pnp	Sperrströme $< 10\ \mu A$	Flußströme in mA, durch R_V begrenzt
npn	Flußströme in mA, durch R_V begrenzt	Sperrströme $< 1\ \mu A$

Anordnung auch nur grobe Fehler erfaßt werden. Allerdings gelingt es mit entsprechender Erfahrung, in manchen Schaltungen Transistoren zu prüfen, ohne sie auszulöten.

Unipolare Transistoren lassen sich mit dieser einfachen Anordnung nicht prüfen.

6.3.2. Kennlinienaufnahme

Bipolare Transistoren

Für bipolare Transistoren hat sich für die statischen Kennlinien eine Darstellung in vier Quadranten als günstig erwiesen (Bild 6.12). Weil in diesen Kennlinienfeldern Arbeitspunkte festgelegt werden, ist die Aufnahme von Kennlinienfeldern wichtig.

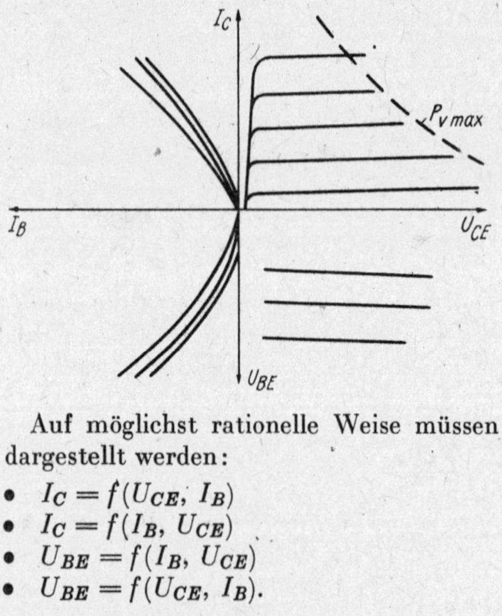

Bild 6.12. Transistorkennlinienfelder

Auf möglichst rationelle Weise müssen vier Funktionen aufgenommen und dargestellt werden:

- $I_C = f(U_{CE}, I_B)$
- $I_C = f(I_B, U_{CE})$
- $U_{BE} = f(I_B, U_{CE})$
- $U_{BE} = f(U_{CE}, I_B)$.

Vorbereitende Arbeiten

1. Zonenfolge der Transistoren feststellen (npn oder pnp)!
2. Mit dem Anschlußbild des Transistors vertraut machen!

3. Wesentliche Grenzwerte den Datenblättern oder Katalogen entnehmen!
4. Diagramm vorbereiten!
5. Als wichtigsten Grenzwert die maximal zulässige Verlustleistung in das Diagramm eintragen (Bild 6.12)!

Messung

Die Meßschaltung nach Bild 6.13 ist für npn-Transistoren gezeichnet. Die Spannungen U_1 und U_2 können zwei getrennten, einstellbaren Spannungsquellen entnommen werden. Steht nur eine geeignete Spannungsquelle zur Verfügung, wird eine Spannungsversorgung nach Bild 6.14 gewählt.

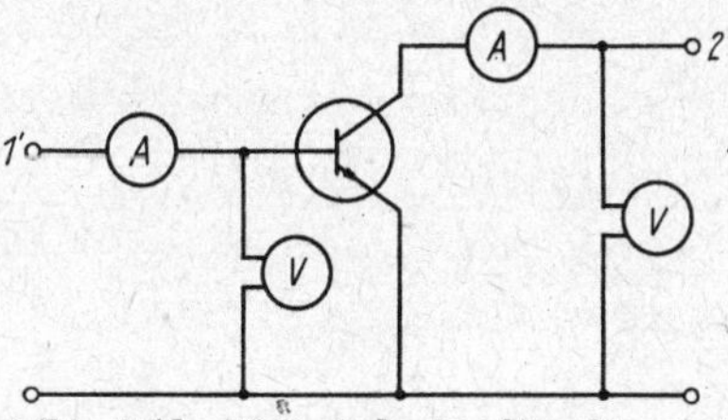

Bild 6.13. Meßschaltung für die Aufnahme von Kennlinien von npn-Transistoren

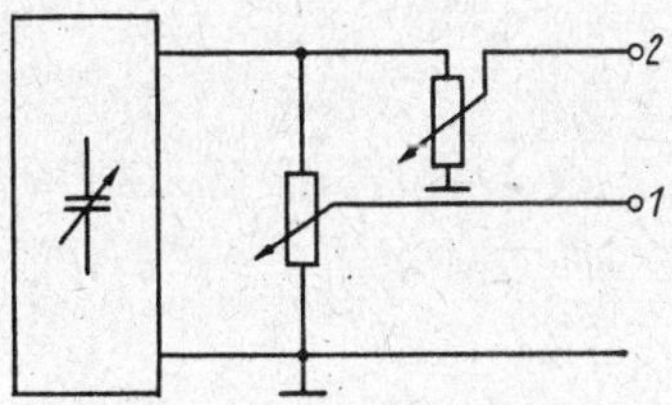

Bild 6.14. Spannungsversorgung für Meßschaltungen

Die Meßgeräte können Vielfachmesser sein. Für die Messung von I_B und U_{BE} sollte wegen der geringeren systematischen Meßfehler ein Meßgerät mit $D = 100\ \mathrm{k\Omega/V}$ (z. B. UNI 9) eingesetzt werden. Für U_{CE} und I_C reicht ein Meßgerät mit $D = 20\ \mathrm{k\Omega/V}$ (z. B. UNI 7). UNI 7 und UNI 9 gestatten sowohl den Anschluß als Strommesser als auch als Spannungsmesser, so daß nur zwei Geräte benötigt werden.

Vorteilhaft ist es, die Meßpunkte nach dem Ausgangskennlinienfeld $I_C = f(U_{CE})$ mit I_B als Parameter auszuwählen. Gleichzeitig steht U_{BE} zur Verfügung, so daß jeder Meßpunkt sofort in alle vier Quadranten eingetragen werden kann.

Fehlermöglichkeiten

Ein systematischer Meßfehler tritt durch den endlichen Gerätewiderstand des Spannungsmessers, insbesondere für U_{BE}, auf. Abhilfe schafft hier ein Gleichspannungs-Verstärkervoltmeter, z.B. UNI 11c.

In der Nähe der Verlustleistungshyperbel kann es durch Erwärmung zur Änderung der Meßwerte kommen (Weglaufen). Die entstehende Wärme muß durch geeignete Kühlkörper, ggf. durch Zwangskühlung, abgeführt werden.

Für die Kennlinienaufnahme von pnp-Transistoren müssen die Spannungsquellen und Meßgeräte umgepolt werden.

Beispiel

SC 207

Gegeben: Zonenfolge npn
$P_{tot} = 200$ mW

Gesucht: $I_C = f(I_B)$ für $U_{CE} = 6$ V;
$I_C = f(U_{CE})$ für
$I_B = (20; 40; 60; 80)\ \mu$A.
Dabei sollen
$U_{CE} = (0 \cdots 10)$ V;
$I_C = (0 \cdots 8)$ mA sein.

Das Eintragen der Verlustleistungshyperbel entfällt hier, weil eine Kontrollrechnung zeigt, daß

$$I = \frac{0{,}2\ \text{W}}{10\ \text{V}} = 20\ \text{mA}$$

nicht erreicht wird.
Weitere Grenzwerte wie $U_{CEO} = 15$ V und $I_B = 10$ mA müssen bei der Dimensionierung der Meßschaltung beachtet werden.

Lösung:
Das Anschlußbild, auf die Anschlüsse gesehen, ist einem Halbleiterkatalog entnommen (Bild 6.15).

Mit der Meßschaltung nach Bild 6.16 und den angegebenen Meßgeräten lassen sich die dargestellten Kennlinien (Bild 6.17) zeichnen. Die Spannung des Netzgerätes ist mit 12 V gewählt und damit sicher kleiner als $U_{CEO\,max}$. Der Widerstand $R_1 = 1{,}5\ \text{k}\Omega$ begrenzt den maximal möglichen Basisstrom auf $I_B < 10$ mA.

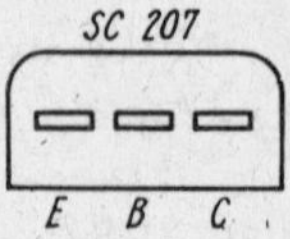

Bild 6.15. Anschlußbild der Diode SC 207, auf die Anschlüsse gesehen

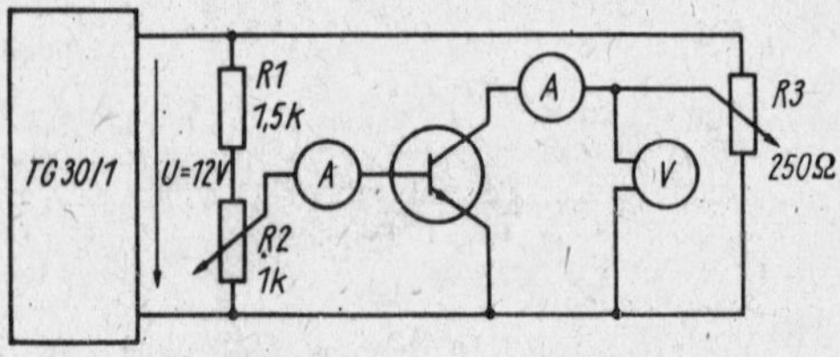

Bild 6.16. Meßschaltung für die Kennlinienaufnahme des Transistors SC 207

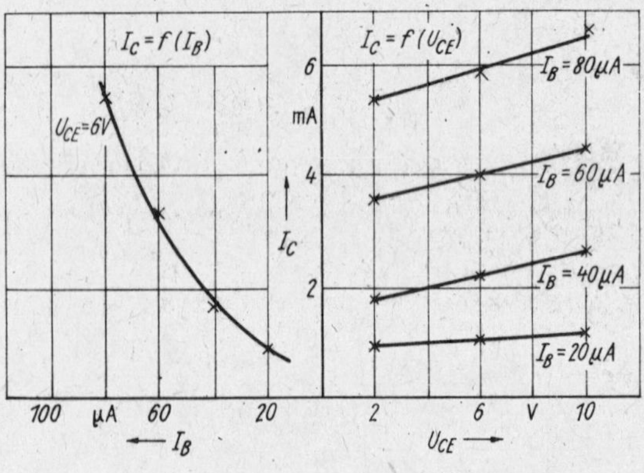

Bild 6.17. I_B-I_C- und U_{CE}-I_C-Kennlinienfelder des Transistors SC 207

Die Messung erfolgt so, daß zunächst zu einer kleinen Spannung $U_{CE} \approx 1$ V der erste Basisstrom $I_B = 20\ \mu$A eingestellt wird. Der zugehörige Strom I_C wird abgelesen und in das Diagramm eingetragen. Mit konstantem Basisstrom wird nun die Spannung U_{CE} bis 10 V schrittweise erhöht, und die Ströme I_C werden gemessen und eingetragen.

Unipolare Transistoren

Bei unipolaren oder Feldeffekttransistoren existieren eine Reihe von Typen, die sich durch ihre Herstellungstechnologie und die Ladungsträgerart, die den Stromfluß bewirkt, unterscheiden (vgl. Wissensspeicher „Elektronik – Bauelemente").

Die Meßmethode der Kennlinienaufnahme hingegen unterscheidet sich prinzipiell nicht von der bipolarer Transistoren. Wichtigste Kennlinienfelder sind das Ausgangskennlinienfeld $I_D = f(U_{DS}, U_{GS})$ und das Übertragungskennlinienfeld $I_D = f(U_{GS}, U_{DS})$.

I_D Drainstrom
U_{DS} Spannung Drain – Source
U_{GS} Spannung Gate – Source.

Die Meßschaltung mit zwei getrennten Spannungsquellen ist im Bild 6.18a dargestellt. Zwei getrennte Spannungsquellen erweisen sich hierbei als günstig, weil die Spannungen U_{DS} und U_{GS} gegensinnig gepolt sein können und die Spannung U_{GS} von negativen nach positiven Werten laufen muß.

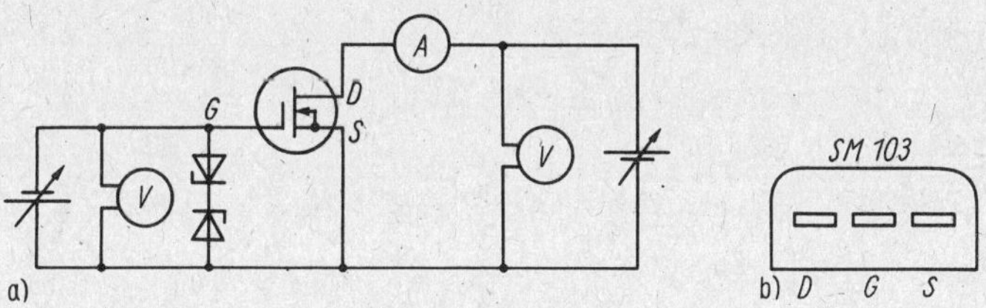

Bild 6.18. Zur Kennlinienaufnahme von unipolaren Transistoren
a) Meßschaltung
b) Anschlußbild des unipolaren Transistors SM 103

Vorbereitende Arbeiten

1. Leitfähigkeitstyp der Transistoren feststellen!
2. bis 5. Wie bei bipolaren Transistoren.

Hinweis: Bei unipolaren Transistoren mit isolierter Steuerelektrode (IGFET) sind die Behandlungsvorschriften des Herstellers einzuhalten!

Wegen der Empfindlichkeit der Steuerelektrode gegenüber hohen Spannungen (> 50 V), die schon durch Influenz leicht überschritten werden können, sind die Anschlüsse beim Transport in geeigneter Weise kurzgeschlossen. Der Kurzschluß darf erst nach Einbau in die Meßschaltung entfernt werden! Die Polarität der anzulegenden Spannungen muß vor der Kennlinienaufnahme von MIS-Feldeffekttransistoren bekannt sein.

Messung

Beispiel

SM 103

Gesucht: $I_D = f(U_{DS})$ mit $U_{GS} = -5, -2, 0, +2$ V
für $U_{DS} = 0 \cdots 10$ V;
$I_D = f(U_{GS})$ mit $U_{DS} = 0{,}5; 2, 4$ V
für $U_{GS} = 2 \cdots -4$ V.

Lösung:

Der SM 103 ist ein n-Kanal-MOS-Transistor.

Kurzschluß der Elektroden und Gestaltung des Meßplatzes beachten (leitende Beläge, geerdete Ausrüstung)!

Anschlüsse: Bild 6.18b
Grenzwerte: $U_{DS} = 20$ V
$U_{GS} = -15$ V; $+5$ V
$I_D = 15$ mA
$P_{tot} = 150$ mW.

Die Grenzwerte bleiben für die Aufgabe unberührt. Die zulässige Verlustleistung wird nicht erreicht, solange hier $I_D < 15$ mA bleibt.

In der Meßschaltung Bild 6.18a wird der Gate-Anschluß durch zwei gegeneinander geschaltete Z-Dioden geschützt.

Als Meßgeräte werden Vielfachmesser UNI 7 bzw. UNI 9 eingesetzt.

Die gemessenen Kennlinien zeigt Bild 6.19.

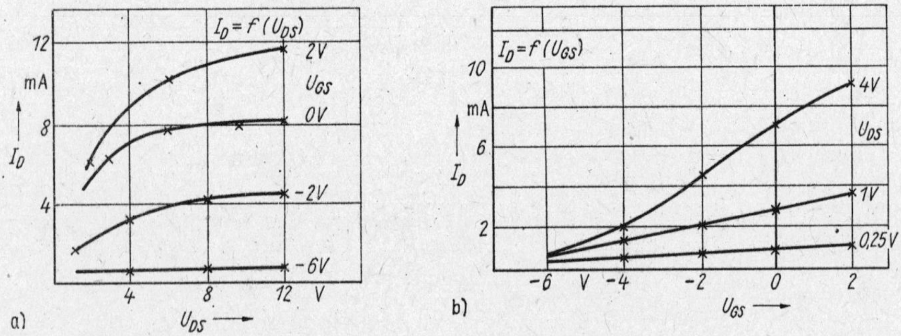

Bild 6.19. Kennlinienverläufe des unipolaren Transistors SM 103

a) I_D-U_{DS}-Kennlinie
b) I_D-U_{GS}-Kennlinie

Automatische Kennliniendarstellung

Die bisher behandelten Kennlinienmessungen mußten alle punktweise erfolgen. Die Änderung der Größen erfolgte durch den Beobachter. Unbestrittener Vorteil dieser Methode ist die hohe erreichbare Genauigkeit.

Nachteilig ist, daß

- die Messungen zeitraubend sind,
- qualifizierte Beobachter eingesetzt werden müssen.

Daraus folgt, daß für die schnelle Kennlinienaufnahme vieler Transistoren ein automatisches Verfahren wünschenswert ist. Sogenannte *Kennlinienschreiber* liefern entweder ein Oszillogramm oder ein Diagramm auf Papier. Dabei arbeiten Oszilloskope schneller, ein Meßprotokoll ist allerdings nur über Umwege erreichbar.

Wesentliche Forderungen an einen Kennlinienschreiber sind folgende:

- Die Änderungsgeschwindigkeit der Größen muß gering sein, aber auf einem Bildschirm noch zu geschlossenen Kurven und stehenden, flimmerfreien Bildern führen.
- Die Änderung der Größen darf nur in einer Richtung erfolgen. Eine einfache Möglichkeit dafür sind Sinushalbwellen.
- Die Koordinaten des Bildschirms müssen Maßstäbe tragen.

Mit der einfachen Meßschaltung nach Bild 6.20 ist es möglich, jeweils eine Kurve des Ausgangskennlinienfeldes $I_C = f(U_{CE})$ auf dem Bildschirm darzustellen. Die Änderung von U_{CE} wird mit positiven Sinushalbwellen durch die Diode V erreicht. Der Strom I_C ist der Spannung über R_M proportional. Der Parameter I_B muß hier noch manuell auf die interessierende Größe eingestellt werden.

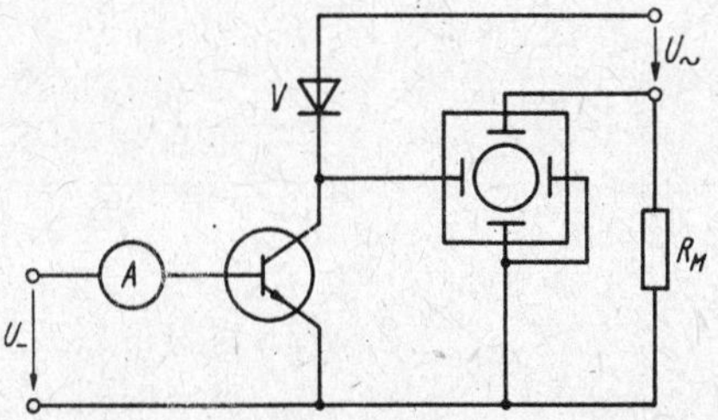

Bild 6.20. Prinzipschaltung für die Aufnahme einer Kennlinie mit dem Oszilloskop

Mit der internen Synchronisation des Oszilloskops läßt sich ohne Schwierigkeiten ein stehendes Bild einstellen.

Eine Schaltung nach Bild 6.21 gestattet, das gesamte Ausgangskennlinienfeld darzustellen. Hier wird der Basisstrom stufenweise durch einen Treppengenerator geändert. Wichtig ist die Synchronisation zwischen Oszilloskop, Treppengenerator und Sägezahngenerator, mit dem U_{CE} zeitlinear geändert wird.

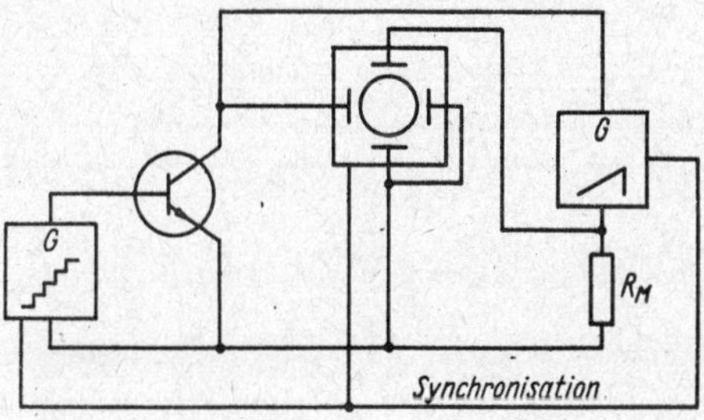

Bild 6.21. Prinzipschaltung zur Aufnahme von Kennlinienfeldern

6.3.3. Messung von Kennwerten

Eine Zusammenstellung bekannter Transistorkennwerte liefert Tafel 6.2. Aus der Sicht des Anwenders braucht nur ein Teil dieser Kennwerte gemessen zu werden. Nachstehend sollen Meßverfahren für ausgewählte wichtige Kennwerte gegeben werden.

Tafel 6.2. Transistorkennwerte

Statische	Dynamische	Thermische	Schwankungs-
Kenngrößen (I_{CES}, $U_{CE\,sat}$) Grenzwerte (U_{CEO}, P_{tot}, U_T)	Kleinsignal-parameter (h, y) Grenzfrequenzen (f_r, f_T, f_1) Großsignal-parameter (k, B) Schaltzeiten	Temperaturen ($t_{j,\,max}$) Temperatur-koeffizienten (TK)	Rauschfaktoren

Kollektor-Emitter-Reststrom I_{CES}

Restströme sind Sperrstöme und grundsätzlich auch als solche zu messen.

I_{CES} ist der Kollektor-Emitter-Strom für $U_{BE} = 0$.
I_{CES} hat Bedeutung für Transistoren im Schalter- und Verstärkerbetrieb.

Grundsätzlich müssen bei der Messung von Kennwerten die gleichen Vorarbeiten wie bei der Kennlinienaufnahme ausgeführt werden. Hier ist insbesondere die zulässige Spannung U_{CE} wichtig, die nicht überschritten werden darf. In der Meßschaltung nach Bild 6.22a läßt sich I_{CES} ohne Schwierigkeiten mit einem Vielfachmesser (z. B. UNI 9) messen, solange der Strom meßbar bleibt, wie beispielsweise bei Ge-Leistungstransistoren.

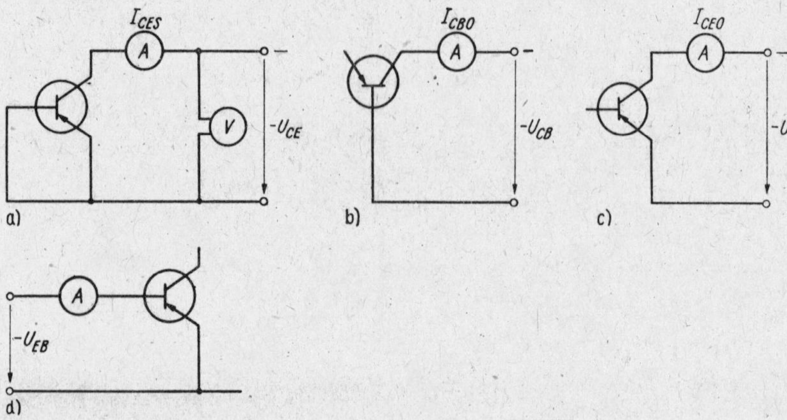

Bild 6.22. Meßschaltungen zur Bestimmung von Restströmen
a) I_{CES}; b) I_{CBO}; c) I_{CEO}; d) I_{EBO}

Ströme $I_{CES} < 1\,\mu$A lassen sich mit ausreichender Genauigkeit nur mit empfindlichen Galvanometern messen. Die Bilder 6.22b, c und d zeigen, wie in gleicher Weise I_{CE0}, I_{CB0} und I_{EB0} gemessen werden können.

Kollektor-Emitter-Sättigungsspannung $U_{CE\,sat}$

Die Kenngröße $U_{CE\,sat}$ ist für den Transistor als Schalter und wegen ihrer Bedeutung als Aussteuerungsgrenze auch für Transistoren im Verstärkerbetrieb wichtig.

Die Sättigungsspannung kann in Abhängigkeit vom Kollektorstrom unter der Bedingung $U_{CB} = 0$ gemessen werden. Eine Meßschaltung ist im Bild 6.23 dargestellt.

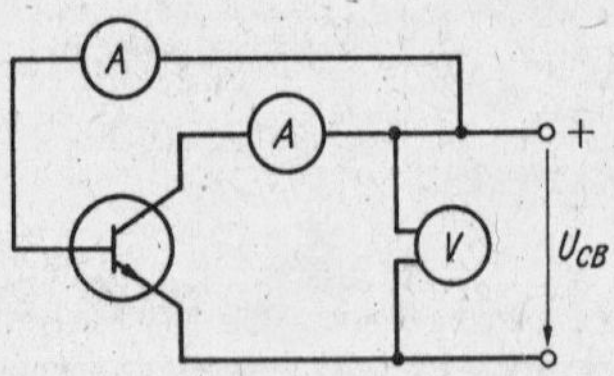

Bild 6.23. Meßschaltung für die Bestimmung der Sättigungsspannung $U_{CE\,sat}$

Grenzwerte

Interessierende Grenzwerte eines Transistors sind seine Durchbruchspannungen. Soll beispielsweise ein Transistor eine induktive Last (Relais) schalten, treten aufgrund der Selbstinduktivität Spannungsspitzen in Sperrichtung auf, die den Transistor zerstören, können, sobald seine Durchbruchspannung überschritten wird. Es wird dabei das Verfahren der Konstantstromeinspeisung angewendet (Bild 6.24). Je nach Stellung der Schalter *S*1 und *S*2 können damit $U_{BR(CEO)}$, $U_{BR(CES)}$ und $U_{BR(CBO)}$ gemessen werden.

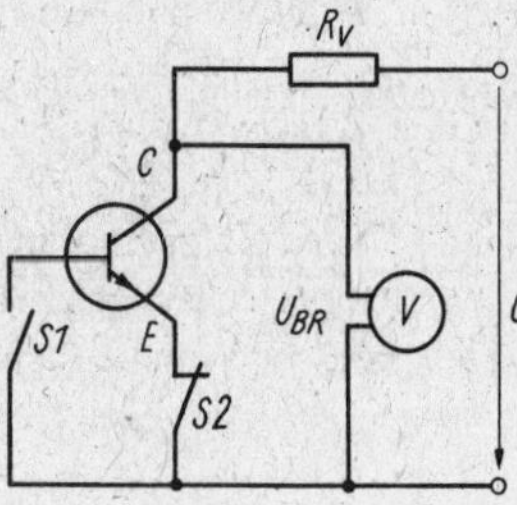

Bild 6.24. Meßschaltung zur Bestimmung der Grenzwerte $U_{BR(CEO)}$, $U_{BR(CES)}$, $U_{BR(CBO)}$

Mit $U = 600$ V und $R_V = 10$ MΩ stellt sich ein Strom $I \approx 60$ μA ein. Der Transistor wird aufgrund der hohen Spannung sicher in den Durchbruch getrieben. Über der belasteten Strecke, im Bild C—E, stellt sich die Durchbruchspannung ein.

Dynamische Kennwerte

Für das Verhalten von Transistoren im Verstärkerbetrieb werden die Vierpolkennwerte benutzt.

Das sind für

- NF Anwendungen h-Parameter
- HF Anwendungen y-Parameter.

Diese Kennwerte haben sich durchgesetzt, weil sie den Transistor vollständig beschreiben und meßtechnisch günstig zu erfassen sind (vgl. Wissensspeicher „Elektronik-Bauelemente"). Vierpolkennwerte existieren für alle drei Transistorgrundschaltungen. Weil sich die Kennwerte der einzelnen Schaltungen ineinander umrechnen lassen, sollen für den NF-Bereich nur die Messungen der h-Parameter vorgestellt werden.

h-Parameter

Vor der Messung der h-Parameter muß ein Arbeitspunkt eingestellt werden. Die Meßschaltung muß also gestatten, jeden Arbeitspunkt innerhalb der Grenzwerte des Transistors einzustellen. In der Meßschaltung nach Bild 6.25 sind dazu *R*1 und die Betriebsspannung einstellbar.

Die Meßbedingungen für die h-Parameter lassen sich leicht aus ihrer Definition ablesen:

$$h_{11} = \frac{u_1}{i_1} \qquad \text{bei } u_2 = 0.$$

Demnach müssen Eingangswechselstrom und -spannung gemessen werden. Ihr Quotient liefert das Meßergebnis. Eine günstige Vereinfachung entsteht, wenn i_1 konstant und bekannt ist, dann wird

$$h_{11} \sim u_1,$$

d. h., der Spannungsmesser für u_1 kann in Werten für h_{11} graduiert sein.

Randbedingung für die Messung ist, daß der Transistor bei $u_2 = 0$, d. h. Kurzschluß betrieben wird.

Das läßt sich in der Praxis nur näherungsweise erreichen, indem man den Arbeitswiderstand sehr viel kleiner als den Ausgangswiderstand des Transistors wählt.

Weiter muß gewährleistet sein, daß die Ansteuerung des Transistors sehr klein gegenüber den Werten des Arbeitspunktes ist.

Die Meßschaltung nach Bild 6.25 wird von einem Sinusgenerator mit geringem Innenwiderstand gespeist.

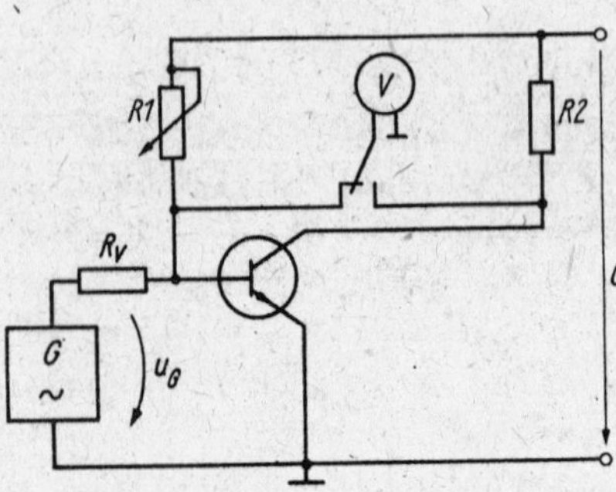

Bild 6.25. Meßschaltung zur Bestimmung der h-Parameter h_{11} und h_{21}

Mit $R_V = 100\,\mathrm{k\Omega}$ und $U_G = 1$ V ist

$$i_1 = \frac{U_G}{r_{ein}} \approx 10\,\mu\mathrm{A}. \tag{6.7}$$

$$r_{ein} = R_V + (r_{BE} \| R_1) \tag{6.8}$$

mit $r_{BE} \approx 1\,\mathrm{k\Omega}$; $R_1 > 1\,\mathrm{M\Omega}$ wird $r_{ein} = R_V \approx 100\,\mathrm{k\Omega}$.
In der gezeichneten Schalterstellung wird u_1 gemessen:

$$h_{11} = \frac{u_1}{10\,\mu\mathrm{A}}$$

$$\frac{h_{11}}{\Omega} = \frac{u_1}{\mathrm{mV}} \cdot 10^2. \tag{6.9}$$

Der Widerstand $R2$ in der Schaltung als Lastwiderstand mit $10\,\Omega$ dient der Messung der Kurzschlußstromverstärkung h_{21}.

$$h_{21} = \frac{i_2}{i_1} \quad \text{bei} \quad u_2 = 0. \tag{6.10}$$

Die Randbedingung $u_2 = 0$ ist die gleiche wie für h_{11}, die Schaltung wird beibehalten.
i_1 liegt mit $10\,\mu$A fest.

i_2 ist der Ausgangswechselstrom. Für hinreichend guten Kurzschluß, $R_2 \ll 1/h_{22}$ kann man annehmen, daß i_2 durch $R2$ fließt. Dann ist

$$i_2 = \frac{u_2}{R_2} = \frac{u_2}{100\ \Omega} \tag{6.11}$$

$$h_{21} = \frac{u_2}{100\ \Omega \cdot 10^{-5}\ \mathrm{A}}$$

$$h_{21} = \frac{u_2}{\mathrm{mV}}.$$

Für den Ausgangsleitwert h_{22} gilt

$$h_{22} = \frac{i_2}{u_2} \text{ bei } i_1 = 0. \tag{6.12}$$

Eine Meßschaltung muß die Bedingung „offener Eingang" ($i_1 = 0 \mathrel{\widehat{=}}$ Leerlauf) erfüllen. Dabei muß, wie im Bild 6.25, auch hier der Arbeitspunkt in weiten Grenzen einstellbar sein.

Bild 6.26 gestattet in der gezeichneten Schalterstellung die Bestimmung von h_{22}.

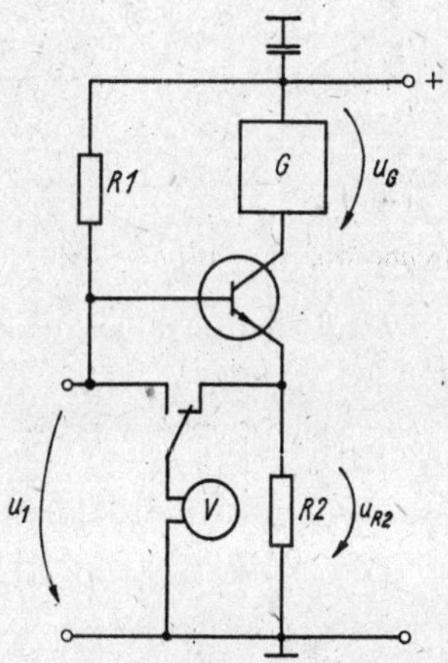

Bild 6.26. Meßschaltung zur Bestimmung der h-Parameter h_{22} und h_{12}

Dabei müssen der Innenwiderstand des Generators und $R2$ klein gegenüber $1/h_{22}$ sein. Dann ist

$$u_C \approx U_{CE} \mathrel{\widehat{=}} u_2 = \text{konst.} = U_G.$$

i_2 wird indirekt über $R2$ bestimmt, so daß man schreiben kann

$$h_{22} \approx \frac{u_{R2}}{R_2 u_G} \tag{6.13}$$

$h_{22} \sim u_{R2}$, d. h., das Meßgerät kann in Leitwerten graduiert sein.

Mit z. B. $U_G = 0{,}2$ V und $R_2 = 50\ \Omega$ hat man

$$h_{22} = \frac{u_{R2}}{10\ \mathrm{V} \cdot \Omega}$$

$$\frac{h_{22}}{\mathrm{mS}} = \frac{u_{R2}}{\mathrm{mV}} \cdot 0{,}1. \tag{6.14}$$

In der gleichen Schaltung, Bild 6.26, kann die Spannungsrückwirkung gemessen werden.

$$h_{12} = \frac{u_1}{0{,}2\ \mathrm{V}} \quad \text{bei } i_1 = 0.$$

Mit der konstanten Generatorspannung u_2 läßt sich die Spannungsrückwirkung sofort angeben

$$h_{12} \sim u_1.$$

Die Bemessung für h_{12} liefert

$$h_{12} = \frac{u_1}{0{,}2\ \mathrm{V}} = \frac{u_1}{\mathrm{mV}} \cdot 5 \cdot 10^{-3}. \tag{6.15}$$

Die in den Meßschaltungen verwendeten Spannungsmesser sind Verstärkervoltmeter (z. B. MV 21), die eine ausreichende Empfindlichkeit und einen hohen Eingangswiderstand garantieren.

Wegen der Übersichtlichkeit sind in den Bildern 6.25 und 6.26 die Arbeitspunkteinstellungen nur angedeutet worden. Im allgemeinen muß der Arbeitspunkt gleichzeitig mit den h-Parametern gemessen werden. Die Bemessung der Schaltung und Auswahl der Meßgeräte muß gewährleisten, daß sich statische Messung (Arbeitspunkt) und dynamische Messung (h-Parameter) nicht störend beeinflussen.

y-Parameter

Die Messung der HF-Kennwerte stößt auf verschiedene Schwierigkeiten, die den Aufwand für die Messung erhöhen.

- Bei hohen Frequenzen machen sich schon kleine Kapazitäten und Induktivitäten der Meßschaltung störend bemerkbar. Diese Störungen müssen ausgeschaltet oder auf ein Minimum verringert werden.
- Die Transistorkennwerte selbst lassen sich nicht mehr als ohmsche Widerstände oder Leitwerte betrachten, sondern setzen sich als Scheinwiderstände bzw. -leitwerte aus Wirk- und Blindanteil zusammen.
- Bei Meßgeneratoren und Spannungsmessern müssen Anpassungsfragen geklärt werden.

Der Parameter y_{21} ist nach seiner Definition ein Leitwert. Er wird vielfach auch als Steilheit in Vorwärtsrichtung angegeben.

$$y_{21} = \frac{i_2}{u_1}. \tag{6.16}$$

Katalogangaben des Herstellers nennen dazu die *Meßfrequenz* und den *Arbeitspunkt*, weil der Kennwert von diesen Bedingungen abhängt.

Der Ausgangskurzschluß ($u_2 = 0$) ist mit

$$R_2 \ll \frac{1}{h_{22}}$$

hinreichend erfüllt. An den Buchsen *B*, *E*, *C* (Bild 6.27) muß in geeigneter Weise der Arbeitspunkt eingestellt werden. Um definierte Masseverhältnisse zu haben, sind die Anschlüsse B, E, C über relativ große Kondensatoren $C1$ und $C2$ ($\approx 1\,\mu$F) gegen Masse geschaltet. Bei konstanter Eingangsspannung u_1 kann der Strom i_2 indirekt über u_{R2} ermittelt werden.

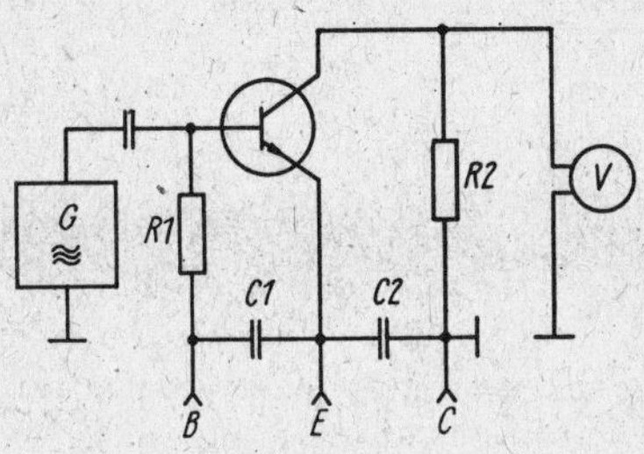

Bild 6.27. Meßschaltung zur Bestimmung der y-Parameter

Dann ist

$$y_{21} = \frac{u_{R2}}{R_2 u_1} \sim u_{R2}. \qquad (6.17)$$

Der Parameter y_{21} kann sofort am Spannungsmesser abgelesen werden.

Dabei wird der Betrag des Parameters gemessen. Mit diesem einfachen Verfahren ist es nicht möglich, Wirk- und Blindanteil getrennt zu messen.

Transistorgrenzfrequenzen

Wichtigster Frequenzkennwert ist die *Übergangsfrequenz (Transitfrequenz)* f_T eines Transistors. Aus der Übergangsfrequenz lassen sich wesentliche Schlüsse auf das gesamte Frequenzverhalten eines Transistors im Verstärkerbetrieb ableiten.

f_T ist ein international standardisierter Kennwert, der sich relativ leicht messen läßt.

Für hohe Meßfrequenz (meist $f = 100$ MHz) ist

$$f_T = |h_{21e}|\, f. \qquad (6.18)$$

Der Betrag der Kurzschlußstromverstärkung muß mit einer hohen Meßfrequenz multipliziert werden.

Mit einem für HF geeigneten Meßaufbau (wie für y_{21}) läßt sich die Stromverstärkung, wie beschrieben, messen.

6.3.4. Transistormeßgeräte

Transistorprüfgeräte

Transistorprüfgeräte geben mit geringem Aufwand Aufschluß über den Zustand von Transistoren. Das geschieht meist durch Messung der Restströme und Anzeige der Stromverstärkung. Prüfgeräte arbeiten entweder mit einem fest vorgegebenen Arbeitspunkt für alle Prüflinge oder gestatten die Einstellung von zwei bis drei Arbeitspunkten.

Die Stromverstärkung wird wegen des geringen Aufwands statisch bestimmt. Zu einem vorgegebenen, durch die Dimensionierung bestimmten Arbeitspunkt wird ein kleiner, definierter Basisstrom zusätzlich eingespeist. Die zugehörige Kollektorstromerhöhung wird angezeigt.

Die Skale des Meßgerätes kann dann in B-Werten graduiert sein; denn es ist

$$B = \frac{I_C}{I_B} \tag{6.19}$$

mit $I_B = \text{konst.}$

$$B \sim I_C.$$

Kennwertmeßgeräte

Kennwertmeßgeräte gestatten meist die Messung der Restströme, der h-Parameter und teilweise die Messung der Beträge der y-Parameter. Hierbei kann der Arbeitspunkt innerhalb der Transistorkennwerte frei gewählt werden. Ein Übersichtsschaltplan zeigt Bild 6.28. Mit der Stromversorgung *1* wird der Arbeitspunkt eingestellt und gemessen (U_{CE}, I_C). Ein Generator *2* liefert das Aussteuersignal und wird je nach Kennwert an den Prüfling *3* geschaltet. Der Indikator *4*, als Verstärkervoltmeter ausgeführt, zeigt den gewählten Kennwert an. Die Messung erfolgt nach der gleichen Methode wie sie für Kennwerte im Abschn. 6.3.3. vorgestellt wurde.

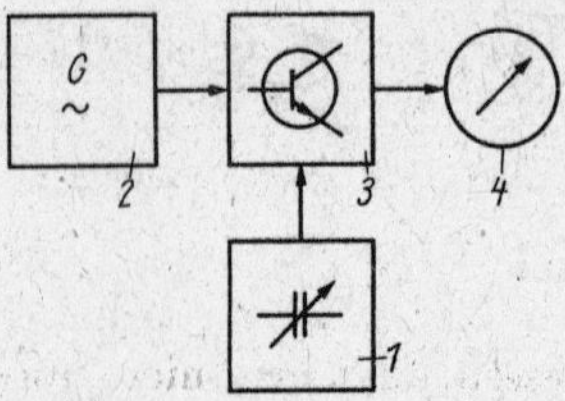

Bild 6.28. Übersichtsschaltplan eines Kennwertmeßgerätes
1 Stromversorgung; *2* Generator; *3* Prüftransistor; *4* Anzeigeinstrument

Meßautomaten

Meßautomaten sind hochwertige und hochproduktive Anlagen. Hauptsächlich werden Meßautomaten bei Transistorherstellern eingesetzt. Es sind meist rechnergesteuerte Anlagen. In kürzester Zeit werden

1. mehrere wesentliche Kennwerte bzw. Grenzwerte gemessen
2. diese Werte mit Sollwerten verglichen
3. die Bauelemente klassiert (z. B. nach Stromverstärkungsgruppen)
4. die Bauelemente sortiert.

6.4. Messungen an integrierten Schaltkreisen

6.4.1. Digitale Schaltkreise

Der Anwender digitaler Schaltkreise ist in erster Linie an der ordnungsgemäßen logischen Funktion der Bauelemente interessiert. Darüber hinaus muß es möglich sein, einzelne Kennwerte, sowohl statischer als auch dynamischer Art, zu messen.

Im folgenden sollen Messungen an Schaltkreisen der TTL-Serie (D-Reihe) beschrieben werden, da diese Schaltkreise eine weite Verbreitung gefunden haben.

Die Messungen und Verfahren sind in Typenstandards festgelegt.

Statische Messungen

NAND-Gatter (*D* 100, *D* 120, *D* 130, *D* 140)

Die statischen Messungen an TTL-Schaltkreisen sollen anhand der NAND-Gatter (*D* 100, *D* 120, *D* 130, *D* 140) demonstriert werden.

Betriebsstrom I_S

Ein wichtiger Kennwert ist der Betriebsstrom I_S eines Gatters. Jedes Gatter eines Schaltkreises wird einzeln nach einer standardisierten Schaltung (Bild 6.29) gemessen.

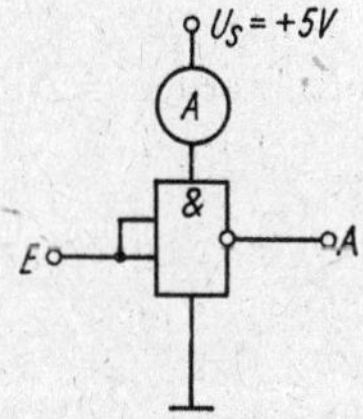

Bild 6.29. Beispiel einer Schaltung zur statischen Messung von Schaltkreisen

Die Meßgröße wird bestimmt bei

- offenem Ausgang
- Betriebsspannung $U_S = 5$ V
- Eingangspegel *H* (5 V) und *L* (0 V).

Für das im Bild 6.29 gezeigte Gatter eines IS *D* 100 garantiert der Hersteller

$$I_{SH} \leqq 4 \text{ mA und } I_{SL} \leqq 14 \text{ mA}.$$

Wird ein größerer Betriebsstrom als angegeben gemessen, muß das nicht unbedingt zur Funktionsunfähigkeit führen. Für den industriellen Einsatz sind diese Schaltkreise jedoch nicht geeignet, weil mit dem größeren Betriebsstrom eine unzulässige Erwärmung eintritt, die die Zuverlässigkeit negativ beeinflußt.

Eingangsstrom I_1

Nach dem Typenstandard wird vorgeschrieben:

- Betriebsspannung $U_S = 5{,}25$ V.
- Jeder Eingang ist einzeln zu messen.
- Der Ausgang des Gatters bleibt offen.
- Die Werte der Eingangsspannungen sollen $U_{IL} = 0{,}4$ V und $U_{IH} = 2{,}4$ V sein.

Die freien Eingänge werden an die vorgegebenen Spannungen gelegt. Meßschaltungen zeigen Bild 6.30 für U_{IL} am Eingang und Bild 6.31 für U_{IH} am Eingang.

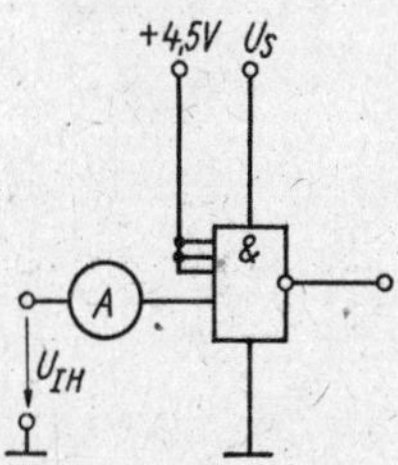

Bild 6.30. Schaltung zur Messung des Eingangspegels U_{IL}

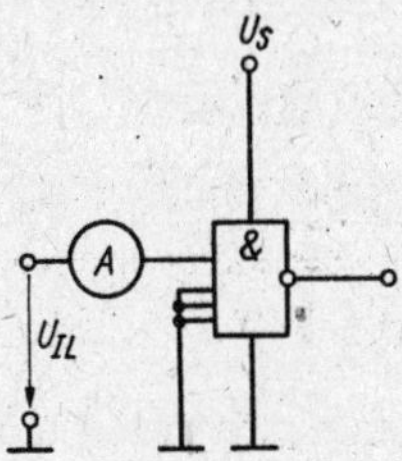

Bild 6.31. Schaltung zur Messung des Eingangspegels U_{IH}

Die Eingangströme haben je nach Eingangspegel unterschiedliche Richtung!

L-Pegel am Eingang: Strom fließt zur Quelle (negative Zählrichtung).

H-Pegel am Eingang: Strom fließt zum Gatter (postitive Zählrichtung).

Für Gatter der Standard-Serie sind zulässig:

$$I_{IH} = 40\,\mu A,\ I_{IL} = -1{,}6\text{ mA}.$$

Diese Ströme sind mit dem Vielfachmesser meßbar.

Ausgangsspannung U_0

Bedingungen für die Messung der Ausgangsspannung eines Gatters sind folgende:

- Ausgangsspannungen müssen in den zulässigen Grenzen für die logischen Pegel der Schaltkreisserie bleiben.
- An den Ausgängen sind entsprechende Lastfaktoren durch Widerstände oder Konstantstromquellen nachzubilden.
- Für U_{0H} wird jeder Eingang einzeln gemessen, freie Eingänge werden an U_S gelegt.
- Für U_{0L} werden die Eingänge parallel geschaltet.
- Es ist die ungünstigste (minimale) Betriebsspannung $U_S = 4{,}75$ V zu wählen.
- Es sind die ungünstigsten Eingangspegel $U_{IH} = 2$ V, $U_{IL} = 0{,}8$ V anzulegen.

Die Meßschaltungen sind in den Bilder 6.32 und 6.33 angegeben.

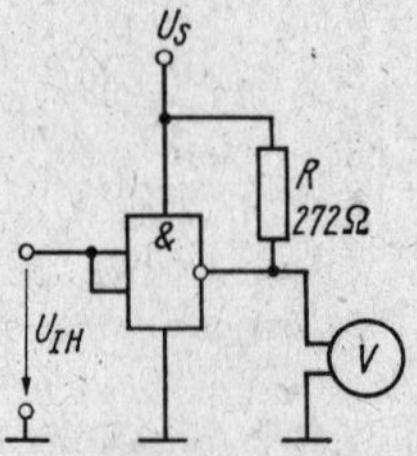

Bild 6.32. Schaltung zur Messung des Ausgangspegels U_{0L}

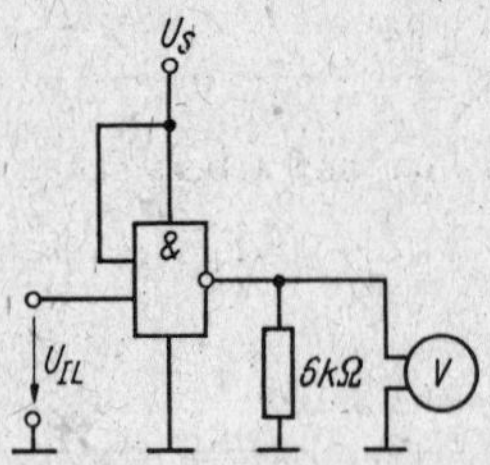

Bild 6.33. Schaltung zur Messung des Ausgangspegels U_{0H}

Grenzwerte für U_0 der Standard-Serie sind

$$U_{0H} \geqq 2{,}4\text{ V und } U_{0L} \leqq 0{,}4\text{ V}.$$

Durch Einfügen von Strommessern in die Ausgangsleitung sind die Ausgangsströme leicht zu messen.

Zulässig sind

$$I_{0L} = 16\text{ mA und } I_{0H} = -0{,}4\text{ mA}.$$

Logische Funktionen

Die Messung der logischen Funktionen bringt im Zusammenhang mit der vorher beschriebenen Kennwertmessung eine vollständige Aussage über die statische Funktionsfähigkeit eines Schaltkreises. Üblicherweise werden die Ergebnisse in einer Schaltbelegungstabelle eingetragen oder damit verglichen.

Dabei sollen

- die Ausgänge offen sein
- die ungünstigsten Eingangspegel $U_{I0} = 0{,}8$ V, $U_{IL} = 2$ V angelegt werden.

Für ein Gatter der IS *D* 100 ist die Schaltbelegung in Tafel 6.3 angegeben. Es ist die einfachste logische Funktion der TTL-Reihe, sie enthält vier Zeilen. Bei Multivibratorbausteinen, beispielsweise *D* 172, enthält die Schaltbelegungstabelle schon 15 Zeilen. Solche und andere höher integrierte IS werden mit sogenannten *Testern* gemessen, die die Schaltbelegungstabelle automatisch (und damit schnell) abarbeiten und sofort eine Gut/Schlecht-Aussage treffen.

Tafel 6.3. Schaltbelegung des D 100

A	B	Y
L	H	H
L	L	H
H	L	H
H	H	L

Dynamische Messungen

Die dynamischen Kennwerte logischer Schaltungen sind *Schaltzeiten*. Bei Gattern der TTL-Serie sind im Typenstandard jeweils die Meßbedingungen angegeben, sie beinhalten

- die Amplitude der Eingangssignale
- die Anstiegszeiten der Eingangssignale
- die Impulslänge der Eingangssignale
- die Ausgangsbelastung.

Im Bild 6.34 ist der Übersichtsschaltplan zur Messung dynamischer Kennwerte angegeben. Ein Impulsgenerator *1*, der Impulse mit Anstiegszeiten $t \leqq 10$ ns liefern muß, liegt am Eingang des zu messenden Gatters 2. Freie Eingänge sollen an einer Spannung $U = 2{,}4$ V liegen. Die Ausgangsbelastung 3 bildet den Eingang weiterer TTL-Gatter mit parasitären Kapazitäten nach.

Interessierende Meßgrößen sind die *Einschaltverzögerungszeit* t_D und die *Ausschaltverzögerungszeit* t_{DLH} (Bild 6.35). Als Meßgeräte finden *Zweistrahloszilloskope* oder *Impulszeitmesser* Verwendung. Sowohl der Generator als auch die Meßgeräte stellen einen erheblichen Aufwand dar. Daher sind Meßplätze dieser Art nicht allzuweit verbreitet.

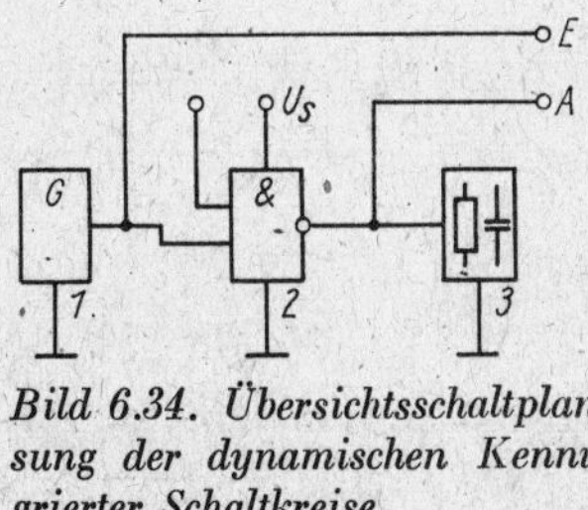

Bild 6.34. Übersichtsschaltplan zur Messung der dynamischen Kennwerte integrierter Schaltkreise

1 Impulsgenerator; *2* zu messender Schaltkreis; *3* Ausgangslast

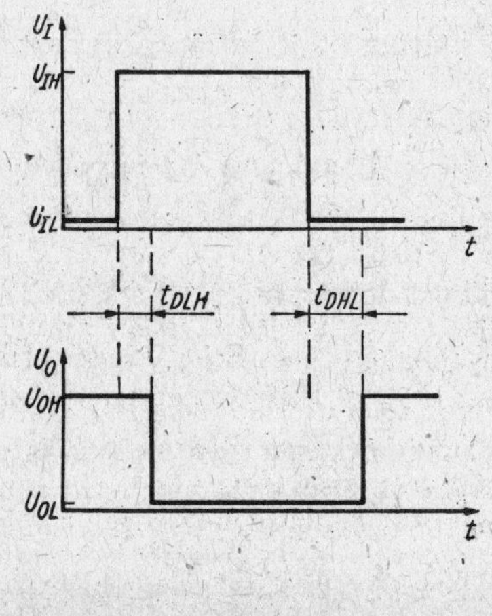

Bild 6.35. Zur Ermittlung der Einschalt- und Ausschaltverzögerungszeit

6.4.2. Analoge Schaltkreise

Die Hersteller analoger integrierter Schaltkreise bieten eine Vielzahl verschiedener Typen an. Mit steigendem Integrationsgrad engen sich die Einsatzmöglichkeiten zunehmend ein. Das heißt, ein bestimmter Schaltkreis, beispielsweise ein Endverstärker, kann nur als Endverstärker betrieben werden. Für diese komplexen Schaltkreise gibt der Hersteller Kennwerte an, die unter den zu erwartenden Einsatzbedingungen gemessen sind. In der Regel ist zu den Kennwerten eine Standard-Meßschaltung in den Datenblättern angegeben.

Von den niedrig integrierten Schaltungen hat der Operationsverstärker wegen seiner universellen Anwendbarkeit die weiteste Verbreitung gefunden. Hierfür soll die Messung ausgewählter Kennwerte vorgestellt werden.

Operationsverstärker

Vor der Messung müssen Grenzwerte (z. B. für U_S, R_L) bekannt sein und, wie für andere Halbleiterbauelemente auch, das Anschlußbild vorliegen.

Ein wichtiger Kennwert ist die *Leerlaufspannungsverstärkung* v_U. Es muß das Verhältnis von Eingangsspannung zu Ausgangsspannung

$$v_U = \frac{U_I}{U_0}$$

bestimmt werden.
Schwierigkeiten ergeben sich durch die hohe Verstärkung von $15 \cdot 10^3 \cdots 25 \cdot 10^3$. Der Meßaufbau muß störsicher angeordnet sein. Eine Überschlagsrechnung für die Eingangsspannung ergibt

$$U_I = \frac{U_0}{v_U} \qquad U_{0\,max} = 10\ \text{V}$$

$$U_I < 1\ \text{mV}.$$

Der Spannungsteiler $R1/R2$ im Bild 6.36 soll so bemessen sein, daß die Generatorspannung 1 V beträgt. $R2$ wird dann niederohmig und gewährleistet eine gute Störunterdrückung am Eingang.

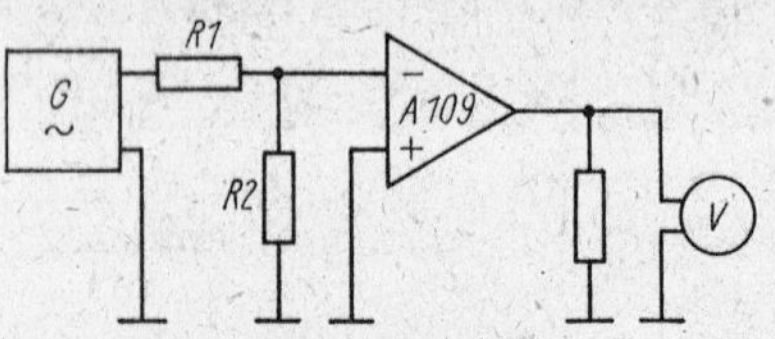

Bild 6.36. Schaltung zur Ermittlung der Kennwerte von integrierten Operationsverstärkern

Der Ausgang soll mit $R_L = 2\ \text{k}\Omega$ belastet sein. Die Frequenz der Eingangsspannung muß unter 100 Hz liegen, damit im linearen Teil des Frequenzgangs gemessen werden kann.
Als Spannungsmesser wird ein Verstärkervoltmeter eingesetzt.

Für eine Reihe von Einsatzfällen ist es nötig, die Aussteuerbarkeit $U_{0\,max}$ in Abhängigkeit von der Betriebsspannung zu kennen.

Dazu ist es erforderlich, beide Betriebsspannungen ($+U_S$, $-U_S$) veränderbar zur Verfügung zu stellen. Die Schaltung nach Bild 6.36 kann dazu verwendet werden. Als Meßgerät kann ein Oszilloskop oder ein Klirrfaktormesser dienen, um die Verzerrung der Ausgangsspannung messen zu können.

Endverstärker

Für den integrierten Endverstärker A 210 D/K ist im Fachbereichstandard eine Meßschaltung angegeben (Bild 6.37). Der Aufwand einer solchen Meßschaltung lohnt sich allerdings nur, wenn häufig Kennwerte der IS nachgemessen werden sollen.

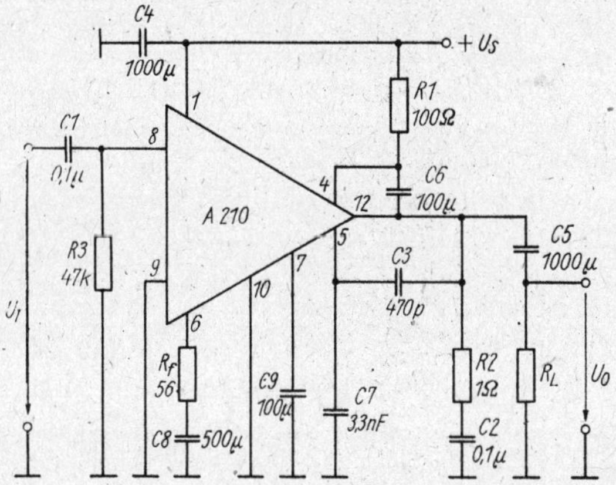

Bild 6.37. Schaltung zur Ermittlung der Kennwerte von integrierten Endverstärkern

An den Eingang der Schaltung ist dann ein Sinusgenerator anzuschließen. Der Ausgang muß je nach Meßaufgabe mit R_L abgeschlossen sein und Verstärkervoltmeter, Klirrfaktormesser und Oszilloskop angeschlossen werden. Es können dann Ausgangsleistung, Klirrfaktor und Spannungsverstärkung gemessen werden.

Aufgaben

6.1. Eine Gleichrichterdiode SY 170 soll geprüft werden. Mit einer Spannung $U = 30$ V wird in Sperrichtung ein Strom $I \approx 1$ A gemessen. Welches Ergebnis läßt sich aus der Messung schließen? Begründen Sie Ihre Antwort!

6.2. Eine Z-Diode SZ 600/6,8 soll in Sperrichtung geprüft werden. $P_{tot} = 1$ W.
a) Auf welchen Wert muß der Sperrstrom begrenzt werden?
b) Auf welche Art und Weise läßt sich die Strombegrenzung erreichen?
c) Wie groß muß die Prüfspannung sein?

6.3. Beim Aufnehmen der Durchlaßkennlinie einer Gleichrichterdiode steigt in der Nähe der maximalen Verlustleistung ohne Spannungsänderung der Strom.
a) Erklären Sie die Erscheinung!
b) Welcher Meßwert ist am wenigsten fehlerbehaftet?
c) Ist die Diode dabei gefährdet?
d) Wie ist sie zu schützen?

6.4. Ermitteln Sie aus dem Diagramm (Bild 6.8) den Widerstand r_Z für $U_Z =$ 5,4 V, 5,6 V und 5,7 V.
Der Hersteller gibt $r_Z < 75\ \Omega$ an. Vergleichen Sie die Ergebnisse, und ziehen Sie Schlußfolgerungen!

6.5. Ein Transistor, dessen Typenbezeichnung unleserlich geworden ist, soll auf seine Zonenfolge hin untersucht werden.
Geben Sie ein Verfahren, die eventuelle Meßschaltung und zu erwartende Ergebnisse an!

6.6. Geben Sie eine Schaltung (ähnlich Bild 6.13) zur Kennlinienaufnahme von pnp-Transistoren an! Zeichnen Sie auch die Spannungsversorgung mit!

6.7. Wie muß die Schaltung, Bild 6.18a, geändert werden, wenn die Kennlinien eines Transistors SMY 50 aufgenommen werden sollen? Zeichnen Sie eine solche Schaltung mit geeigneter Spannungsversorgung!

6.8. Warum sind Meßschaltungen für Restströme für pnp-Transistoren angegeben (Bild 6.22), und unter welchen Bedingungen kann man damit die Restströme von npn-Transistoren messen?

6.9. Alle dynamischen Kennwerte werden in der häufig angewendeten Emitterschaltung gemessen (Bilder 6.25 und 6.26).
a) Wie sind dynamische Kennwerte in Basisschaltung zu ermitteln?
b) Geben Sie eine Meßschaltung für h_{21b} an!

6.10. Bei der Messung der h-Parameter sind Vernachlässigungen getroffen worden.
a) Schätzen Sie die Fehler, die entstehen bei der Messung von

h_{11} durch $r_{ein} \approx 100\ \mathrm{k\Omega}$,
h_{11} durch $R_L \neq 0$, $R_L = 100\ \Omega$.

b) Wie können diese Fehler ausgeglichen werden?

6.11. Feldeffekttransistoren sind beim Transport kurzzuschließen!
a) Warum?
b) Wann darf dieser Kurzschluß aufgehoben werden?
c) Welche Forderungen sind an die Meßplätze zu stellen?

6.12. Erläutern Sie die Messung der Transitfrequenz f_T von Transistoren!
a) Handelt es sich dabei um eine Grenzfrequenz?
b) Welche Schlußfolgerung läßt die Transitfrequenz eines Transistors zu?

6.13. Kennzeichnen Sie in den Bildern 6.30 und 6.31 die Polarität der Strommesser!

6.14. Nennen Sie Meßgeräte, die als Strommesser in den Bildern 6.30 und 6.31 eingesetzt werden können!

6.15. Erläutern Sie, warum bei Messung der Ausgangsspannung logischer Schaltungen für U_S und U_I „ungünstigste" Werte zu wählen sind!

6.16. Geben Sie Schaltungen für die Messung der Ausgangsströme I_{0L} und I_{0H} an! Erweitern Sie dazu die Bilder 6.32 und 6.33!

Sachwörterverzeichnis